RECUEIL
DE MACHINES.

SE TROUVE A PARIS

Chez
{
L'AUTEUR, au palais de l'Institut, pavillon de l'Ouest;
WAGNER, horloger-mécanicien du Roi, rue du Cadran, n° 39;
PÉLICIER, libraire, place du Palais-Royal, n° 241;
BACHELIER, libraire, quai des Augustins, n° 55;
BOSSANGE, libraire, rue de Richelieu, n° 60.
}

RECUEIL
DE MACHINES
COMPOSÉES ET EXÉCUTÉES

ANTIDE JANVIER

HORLOGER ORDINAIRE DU ROI, DE L'ACADÉMIE ROYALE DES SCIENCES,
BELLES-LETTRES ET ARTS DE ROUEN, DE CELLE DE BESANÇON, ETC

DÉDIÉ A SON AMI B. H. WAGNER.

Quidquid præter spem eveniet, id deputabo esse in lucro.
TERENT.

PARIS

IMPRIMERIE DE JULES DIDOT AINÉ,
IMPRIMEUR DU ROI,
Rue du Pont-de-Lodi, n° 6.
1828.

A MON AMI

B. H. WAGNER

HORLOGER MÉCANICIEN DU ROI.

Plato mihi unus instar est omnium.

Mon ami,

Vous l'éprouvez à votre tour : dès qu'un homme a eu le malheur de se distinguer à certain point, il ne peut plus compter sur l'équité des autres à son égard; et ce sera beaucoup si ceux même qui jouissent d'une plus grande célébrité lui pardonnent la petite portion du bruit qu'ils voudroient faire tout seuls.

Mauvais juges en matière de sentiments généreux, vos émules, à qui vous prouvez chaque jour que si le génie peut bien se traîner malgré ses fers, il vole quand il a su les briser, m'accusent d'adulation envers vous.....

A ce reproche ridicule je fais une réponse très simple mais très décisive en vous dédiant ce livre comme un témoignage public de ma reconnoissance pour les services multipliés que vous n'avez cessé de me rendre depuis le jour de notre première entrevue, et, ce jour-là, nous fûmes des amis de vingt ans. C'est à ce titre, mon cher Wagner, que j'associe votre nom à celui de

ANTIDE JANVIER.

Paris, 1er janvier 1828.

AVERTISSEMENT.

Non dubitanter adii pericula.

C'étoit le temps de la saison brûlante, nous étions au commencement de juillet; j'entrois dans ma soixante-dix-septième année avec un pressentiment de malheur : il y avoit encore un mois à courir jusqu'à l'exposition des produits de l'industrie française pour 1827. J'étois las de l'ambition insatiable des uns, de l'aveugle prétention des autres, des secrètes insinuations de l'envie qui se croiroit soulagée si elle pouvoit troubler un beau talent, jeté dans la carrière sous la seule sauvegarde de la bienveillance et de l'équité du jury : j'étois étourdi de la turbulente agitation des intérêts divers; pour échapper à ce conflit et à la foule de questions oiseuses qui m'étoient journellement adressées, comme si j'avois eu mission de les résoudre, j'avois pris la résolution de m'enfermer avec mes livres jusqu'à l'ouverture des portiques destinés à l'industrie nationale. Un jeune artiste qui parcourt l'échelle des sciences et des arts mécaniques avec un succès qui déconcerte également les ambitions à la *bavette* et les prétentions surannées de la vieille routine en *besicles*, le généreux Wagner, dont l'honorable désintéressement doit être cher aux manufacturiers [1], est venu m'arracher de ma solitude. C'est à lui que l'on doit la publication de ce foible ouvrage, dont les planches, gravées depuis plus de quinze ans, ne seroient peut-être jamais sorties de mon portefeuille sans les sollicitudes de l'amitié.

---

[1] Voyez le rapport du jury central sur l'exposition de 1823, pages 331 et 332

Les machines décrites dans ce recueil sont des ouvrages de ma première jeunesse; à l'exception d'une pièce, qui fut admise à l'exposition en 1823, toutes les autres ont été composées avant que j'eusse atteint ma seizième année. Les annoncer ainsi, c'est annoncer hautement combien, pour se soutenir, elles ont besoin de l'indulgence du public.

En apportant quelques modifications à ce volume, je me trouve entre deux écueils inévitables; d'un côté, le danger de sortir des bornes de la circonspection que m'impose la connoissance de moi-même; en faisant l'application de formules trop étendues à la vérification des rouages qui constituent le système de ma première sphère mouvante; d'autre part, la difficulté de me concilier la bienveillance de MM. les horlogers qui me reprochent déja d'écrire d'une manière trop savante pour eux, et de n'avoir pas traduit en leur langue la méthode de Burckhardt *pour trouver le nombre des dents des roues pour une révolution déterminée.* C'étoit ma première intention : mais, en y réfléchissant davantage, j'ai craint d'enlever aux artistes un motif d'apprendre les mathématiques; car je voudrois, au contraire, contribuer de toutes mes forces à leur faire sentir que, dans l'état actuel des sciences, l'on ne peut se distinguer, dans aucun genre d'industrie, qu'en réunissant la théorie à la pratique.

Les méthodes de calcul des rouages ne manquent pas. On en trouve une dans le P. Alexandre[1]; Lalande a publié celle des fractions continues[2] qui fut suivie par Huyghens[3], que j'ai traduite et publiée en 1812[4]; cette méthode a l'avantage de fournir des

---

[1] Traité général des horloges, page 174.

[2] Traité d'horlogerie de Lepaute, page 261.

[3] *Hugenii, Opusc. posth.*, page 448.

[4] Des Révolutions des corps célestes par le mécanisme des rouages, page 19.

valeurs très approchées exprimées par les plus petits nombres possibles. Celle de Camus[1] fut suivie par Baffert, horloger, pour le calcul des nombres employés dans la sphère exécutée par Mabille pour le prince de Conti, etc. Voilà plus d'instruments qu'il n'en faut à ceux qui savent s'en servir. C'est donc la seule espérance de faire avancer de quelques pas les ouvriers les moins instruits qui me porte à mettre au jour un extrait des leçons[2] de mon premier et unique instituteur. Ils y verront de quel point je suis parti à l'âge de treize ans, ils concevront ce que l'on peut avec des talents médiocres, mais une volonté forte et un penchant naturel à étudier l'art dont on veut se rendre le maître.

Les hommes qui possèdent à fond la science de la mesure du temps[3] savent bien qu'elle est subordonnée à une géométrie sublime; et l'un des plus beaux génies du dix-septième siècle a pris la peine de le prouver à l'Europe il y a plus de cent-cinquante ans[4]. L'esprit humain ne peut rétrograder, et le génie est exempt de tutèle. Graces, million de graces soient à jamais rendues au petit nombre d'hommes supérieurs qui se dévouent à l'avancement des sciences!

Mais, hélas! comme le dit un citoyen qui périt victime de la plus sanguinaire tyrannie, après avoir honoré sa vie par des travaux utiles aux sciences et à l'humanité, par ses vertus et par un noble caractère, dans l'espèce humaine, encore plus sensible que curieuse, plus avide de plaisir que d'instruction, rien ne plaît en général et long-temps que par la grace du style. Un ambassadeur phrygien a enlevé une jeune Spartiate : vingt rois unis pour venger

---

[1] Cours de mathématiques, tome IV, page 399.

[2] Troisième partie, article IV.

[3] Supposé qu'il en existe.

[4] *De motu pendulorum demonstrationes geometricæ*, 1873, in-folio.

cet affront ont saccagé une ville; un grand poëte en a fait une histoire mémorable qui nous intéresse encore après trois mille ans; un autre grand poëte a chanté un prince chéri de sa nation: rien n'est plus ingénieux ni plus adroit pour faire durer la gloire malgré l'envie, et pour amener le vulgaire à s'entretenir volontiers d'un bon roi,

> Qui par de longs malheurs apprit à gouverner.
> HENRIADE, ch. Ier.

RECUEIL DE MACHINES.

PREMIÈRE PARTIE.

ARTICLE PREMIER.

Description d'une pendule astronomique, composée et exécutée par A. J. avant sa quinzième année.

L'ouvrage dont je mets aujourd'hui le développement sous les yeux du public est une de mes premières conceptions ; c'est par cet essai que j'ai ouvert, à l'âge de quinze ans, une carrière inféconde, où, dans le pénible cours de soixante années de travail, après avoir sacrifié vingt-cinq mille francs à mon instruction, et au plaisir de la répandre gratuitement, je n'ai rencontré qu'un peu de gloire, l'abandon, la misère, et l'oubli.

En composant cette machine, je me suis proposé de rendre sensibles les effets du mouvement annuel du soleil, combiné avec son mouvement diurne, et la révolution de la terre sur son axe; de marquer à-la-fois le temps sidéral, le temps moyen, le temps vrai, la durée du jour, le lever et le coucher du soleil pour un horizon quelconque ; enfin de représenter le mouvement moyen de la lune en longitude et en latitude; celui de ses nœuds, ses phases, ses passages au méridien, son lever, son coucher, et ses conjonctions écliptiques.

Essayons de présenter avec clarté, aux artistes et aux amateurs qui voudroient se livrer à ce travail ingrat, les moyens avec lesquels nous sommes parvenu à représenter tant de phénomènes et de mouvements dans des plans divers, des révolutions si inégales que les unes s'accomplissent en un an, en un mois, en un jour, tandis qu'une autre ne s'achève qu'en plus de 6799 jours.

L'horloge qui donne le mouvement à toute la machine est à secondes, réglée par un pendule de compensation: l'échappement est à repos et à chevilles, un poids en est le moteur, et on ne le remonte que tous les mois.

Elle présente deux faces qui portent chacune leur cadran. La première indique le temps moyen et le temps sidéral. Les heures paroissent à travers deux ouvertures circulaires TM, TS, pratiquées à la platine extérieure du mouvement. (pl. I.) Les minutes et les secondes du temps moyen, mesuré par le régulateur, sont marquées par deux aiguilles concentriques à un même cadran. Celle des minutes indique de plus les minutes du temps sidéral sur un autre cadran concentrique au premier, mais qui a un mouvement rétrograde de $3'\,55''\,53'''$, 2 par jour. Ainsi l'on conçoit que le temps sidéral doit être plus court que le temps moyen, puisque le point 0^h de son cadran avance vers l'aiguille qui doit par conséquent le rencontrer avant d'arriver au point 0^h du temps moyen qui reste immobile.

La seconde face (pl. IV, fig. 1) présente la révolution journalière apparente du soleil et de la lune sur un cadran gradué en 24 et en 10 heures, avec leurs subdivisions en minutes. L'aiguille qui porte l'image du soleil indique les subdivisions du jour solaire : celle qui porte l'image de la lune indique, sur le même cadran, les subdivisions du jour lunaire et les phases de la lune. L'angle formé par les deux aiguilles est la différence d'ascension droite entre le soleil et la lune.

L'aiguille lunaire (fig. 2), vue sous différents aspects, porte une branche m, mobile sur une vis à portée n; la partie circulaire t, plus foncée en couleur, et du même diamètre que l'image de la lune, est destinée à figurer ses phases par son passage successif sur cette image. Dans la position actuelle des pièces, la pleine lune n'a pas encore lieu, quoique le disque lunaire paroisse entièrement découvert; il faut pour cela que le levier o quitte le sommet du limaçon p, et que l'action du ressort R ramène la partie obscure t au point s pour recommencer un nouvel ordre de phases. L représente l'aiguille lunaire vue de profil; M la pièce mobile m, sous une autre forme et disposée pour être placée au point R. Le limaçon p est fixé au canon de l'aiguille solaire par une partie saillante y qui entre dans le trou pratiqué sur le plan du limaçon, tout près de son centre. Les deux trous zz que l'on aperçoit sur le plan circulaire et central de l'aiguille sont destinés à recevoir les pieds du cadran qui indique l'âge de la lune. (fig. 1.) Cette construction est d'une si grande simplicité, son développement la rend si facile à saisir, que l'artiste le moins intelligent pourroit se passer de notre explication à la vue des figures.

Le mouvement de l'horloge, dont le *calibre* est vu sous ses véritables dimensions (pl. II fig. 1), est composé de cinq roues A, B, C, D, E; leurs révolutions sont d'une minute pour la première : c'est elle qui porte l'aiguille des secondes; de 7 $\frac{1}{2}$ minutes pour la seconde; son pignon conduit la roue M, qui porte l'aiguille des minutes. La troisième tourne en une heure, la quatrième en 12 heures, et la cinquième en 66 heures 40′ = 4000′. Cette dernière est mue par le poids. En tournant, elle communique le mouvement à une autre roue e (fig. 2.), qui d'un côté mène le cadran des heures solaires M placé sur la roue f, et de l'autre, par le moyen d'une seconde roue g, celui des heures sidérales S placé sur la roue h. Comme ces cadrans tournent eux-mêmes sur leurs centres, leurs aiguilles sont fixées à la platine du mouvement. (Pl. I)

D'après le rapport des pignons[1] aux roues, telles qu'elles sont indiquées sur le calibre de l'horloge, l'un des cadrans fait 366 tours justes, dans le temps que l'autre n'en fait que 365. C'est un peu trop; car, au bout de 365 jours moyens, l'équinoxe n'est pas encore tout-à-fait à son 366e retour au méridien. Son angle horaire est de 14′ 19″, 5 de degré, qui valent 57″, 3 de temps sidéral. Il en résulte qu'à la fin de l'année le cadran sidéral est trop avancé de 57″, 3, c'est-à-dire environ de la 62e partie d'une heure; en sorte qu'au bout de trente ans on pourroit être en doute entre une heure et la suivante. Mais une horloge ne pouvant pas marcher au-delà de cinq ou six ans de suite sans être arrêtée, ne fût-ce que pour être nettoyée, ce défaut ne pourra jamais être aperçu, et l'on ne pouvoit pas y remédier sans multiplier les roues.

Cette erreur n'a pas lieu dans le cadran mobile qui indique les minutes du temps sidéral. En voici la preuve :

Un pignon de 48 dents (pl. III, fig. 1.), placé sur l'axe de la cinquième

---

[1] Dans ces sortes de rouages nous appelons en général pignons toutes les roues qui conduisent les autres.

roue qui tourne avec la vitesse de 66 heures 40', fait marcher une roue de 263 dents ; celle-ci, par conséquent, fait un tour rétrograde en 365 heures 16' 40", d'où il suit que la rétrogradation diurne du cadran que cette roue conduit est de 3' 56", 532 de temps sidéral, qui valent 3' 55" 53''', 16 de temps moyen. Ce nombre est gravé sur le cadran mobile des minutes sidérales (pl. I.), pour indiquer ce que l'on a voulu obtenir; et que l'expérience décide si l'on y est parvenu. C'est ce que nous allons examiner.

En supposant la durée moyenne de l'année de 365 jours 5 heures 48' 48", l'équinoxe passera au méridien 164809 fois en 164359 jours; ainsi le jour sidéral est au jour moyen en raison inverse de ces deux nombres. Le retard est de $\frac{450}{164809} = 3'\ 55''\ 54''',\ 5668$. L'erreur est donc de $1''', 4$ par jour, ou d'une minute en sept ans.

Cet écart insensible est fort au-dessous des irrégularités de la meilleure pendule dans un pareil espace de temps. On sait d'ailleurs qu'il ne suffit pas de trouver des nombres qui soient dans le même rapport que les révolutions ; il faut encore que ces nombres soient décomposables chacun en une même quantité de facteurs, dont les uns servent à former les roues, et les autres à former les pignons. Il faut considérer, de plus, qu'ici nous n'avons qu'un seul pignon de 48 et une seule roue de 263, parceque nous avons donné une vitesse inaccoutumée à la cinquième roue de l'horloge pour la faire entrer dans les éléments du calcul de la révolution sidérale ; et que si l'on vouloit s'écarter de cette simplicité, que l'on ne doit jamais perdre de vue dans la composition des machines, l'on obtiendroit facilement l'accélération de 3' 55" 54''', 5668 temps moyen, en donnant au cadran des minutes sidérales une vitesse de 365 heures 14' 32" 0''' = 1314872".

En prenant pour unité de vitesse celle de la quatrième roue du mouvement, = 12 heures = 43200", on auroit pour solides des pignons et des roues :

P. $21600 = 25 \times 27 \times 32$
R. $657436 = 47 \times 52 \times 269$ et pour vitesse $365^h\ 14'\ 32''\ 0'''$

Ainsi, pour faire entièrement disparoître la petite erreur de $1''', 4$ par jour, il faudroit employer 3 pignons et 3 roues...... Savants et artistes de bonne foi, l'objet en vaudroit-il la peine ?

(9)

L'axe de la roue C (pl. III, fig. 1), dont la révolution est d'une heure, prolongé vers la seconde face de l'horloge, porte un pignon 12 qui conduit une roue G ; celle-ci tourne en 24 heures, et son axe porte l'aiguille du soleil. Cette aiguille, par conséquent, indique les heures solaires moyennes et leurs subdivisions, qui sont marquées de 10 en 10 minutes, et comptées suivant les deux divisions du jour en 24 et en 10 heures. Le même axe porte deux autres roues S M fixées ensemble; la première conduit la petite roue de renvoi a, à laquelle est jointe la roue b, et celle-ci donne le mouvement à la roue L, qui porte l'aiguille de la lune. Ces roues étant entre elles comme 6448 : 6674, l'aiguille lunaire fait un tour de cadran en 24 heures 50′ 28″ 17‴, 3. La seconde roue M, qui conduit la roue de champ N, appartient au rouage qui fait mouvoir l'axe de la terre. (Pl. VIII, fig. 3.)

Si j'écrivois pour ceux qui savent, j'emploierois un langage qui a le mérite incontestable de la briéveté; mais puisque je m'adresse aux artistes et aux amateurs qui, pour la plupart, ne sont pas familiarisés avec la science des nombres et le calcul des rouages, il faut bien que je me serve d'expressions à leur portée. La fraction $\frac{6448}{6674}$ peut être considérée comme l'exposant numérique de deux roues dont l'une, qui tourneroit en un jour moyen, auroit 6448 dents, et l'autre, qui tourneroit en un jour lunaire, 6674 ; ces roues marcheroient avec une différence $= 226$. Il s'agit maintenant de déterminer à quelle fraction du jour moyen répond le nombre 226. Multipliant ce nombre par 24 (nombre d'heures que renferme le jour moyen), nous aurons au produit 5424, qui ne pouvant se diviser par 6448, qui exprime le solide des roues du soleil, prouve que la différence n'est pas d'une heure. En multipliant 5424 par 60 (nombre de minutes renfermées dans une heure), nous aurons au produit 325440. Divisant ce nombre par le solide 6448, on a au quotient 50′ avec un reste 3040 qui, multiplié par 60 (pour avoir les secondes) $= 182400$; divisant ce produit par 6448, nous aurons au quotient 28″ avec un reste 1856. Ce nombre multiplié par 60 (pour les tierces), on a au produit 111360 qui, divisé de même par le solide du soleil, donne au quotient 17‴ $\frac{1744}{6448}$.

La roue 6674 feroit donc un tour de cadran en 24 heures 50′ 28″ 17‴ ; ainsi, en décomposant 6448 et 6674, nous aurons le rouage qui convient à cette révolution :

Solide des roues du soleil, $6448 = 124 \times 52$
Solide des roues de la lune, $6674 = 142 \times 47$ différence 50′ 28″ 17‴, 3.

La roue 124 (pl. III, fig. 2), tournant en 24 heures, portera l'aiguille du soleil, elle conduira la roue 47 qui aura, comme pignon, la roue 52, et celle-ci ménera la roue 142 qui tournera avec la vitesse que nous avons dit, et portera l'aiguille de la lune.

L'opération précédente qui a exigé quatre multiplications et autant de divisions se réduit en une simple addition et soustraction avec les logarithmes :

Exemple :

Solide du soleil $6448 : 86400″ :: 226 : x$.

            2.3541084
            4.9365137   Log. des termes moyens.
Addit.   7.2906221
            3.8094250   Log. du premier terme.
Reste   3.4811971   Log. de 3028″,287 = 50′ 28″ etc.

Ce calcul est bien plus expéditif, puisqu'il ne s'agit que de prendre dans les tables les logarithmes des deux termes moyens, les additionner ensemble, ôter du produit le log. du premier terme, et le reste devient le log. du terme cherché.

En calculant d'après les tables astronomiques les plus exactes, le retard diurne de la lune se trouveroit de $2‴,44$ plus fort. C'est environ une seconde par chaque mois lunaire; erreur insensible, sur-tout si l'on considère que l'office de l'aiguille de la lune est d'indiquer son passage moyen au méridien; et il a lieu quand l'aiguille se trouve sur 0 heure du cadran. Cette même aiguille (pl. IV, fig. 1), comme on le voit, indique les phases de la lune, qu'on peut également conclure de l'angle compris entre les deux aiguilles.

Examinons, s'il est possible, d'obtenir une plus grande exactitude sans augmenter le nombre de roues qui constituent ce système, semblable en tout à la cadrature ordinaire d'une montre ou d'une pendule simple pour la conduite de leurs aiguilles de minutes et d'heures.

Nous avons trouvé une différence de $-2‴,44$ chaque jour, parceque le retour à la conjonction de la lune avec le soleil n'est pas assez rapide; les deux solides 6448 et 6674 ne reviennent au même point, ou, en d'autres termes, le solide 6674 ne fait un tour de moins que le premier qu'au bout de 29 j. 12 h. 44′ 36″. Mais le mois lunaire est de 29 j. 12 h. 44′ 3″; il y a donc un excès de 33″, et la lune ne retarde pas assez rapidement.

En prenant la fraction $\frac{6020}{6231}$, on auroit 29 j. 12 h. 44′ 21″ d'une conjonction à la suivante, et 18″ de retard : avec $\frac{8816}{9125}$ il ne seroit plus que de 13″; et la différence diurne étant alors de 50′ 28″ 18‴,7, l'erreur seroit seulement de 1‴,4: environ une demi-seconde par chaque mois lunaire. Enfin la fraction $\frac{13552}{14027}$, qui fournit une révolution synodique de 29 j. 12 h. 43′ 57″ 28‴ trop courte seulement de 5″, produirait 50′ 28″ 20‴ de retard diurne; et c'est le dernier terme d'approximation possible avec deux roues motrices et deux roues menées.

J'ai souvent employé dans mes pendules à phases de lune la fraction $\frac{6077}{6290}$, qui ne diffère que d'environ une seconde de la précédente. Pour la commodité des artistes et des amateurs d'horlogerie, nous allons décomposer toutes ces fractions, et donner les rouages qu'elles fournissent :

P. $6020 = 70 \times 86$
R. $6231 = 67 \times 93$ $= 50′\ 28″\ 18‴\ 20^{iv}\ \frac{2000}{6020}$

P. $8816 = 76 \times 116$
R. $9125 = 73 \times 125$ $= 50′\ 28″\ 18‴\ 43^{iv}\ \frac{6832}{8816}$

P. $13552 = 77 \times 176$
R. $14027 = 83 \times 169$ $= 50′\ 28″\ 20‴\ 7^{iv}\ \frac{1135}{13552}$

P. $6077 = 59 \times 103$
R. $6290 = 74 \times 85$ $= 50′\ 28″\ 20‴\ 10^{iv}\ \frac{5230}{9077}$

En quelque ordre que l'on puisse placer ces nombres, pourvu que les facteurs d'un même solide n'engrènent pas ensemble, on aura toujours la révolution. Ainsi, dans le premier rouage, 86 ayant la vitesse de 24 h. conduira 67 du second solide, 67 portera fixement la roue 70, qui mènera la roue 93 avec la vitesse de la lune. Si 70, tournant en 24 h., conduisoit la roue 93, et que 86, fixée sur celle-ci, menât 67, la même révolution auroit lieu, et il en est de même pour tous les autres rouages.

Le châssis de cuivre AB (pl. III), fixé au-dessus du piédestal dans l'intérieur duquel descendent le pendule et le poids de l'horloge, sert de support à la cage du mouvement et au châssis de suspension du pendule P. L'on voit toutes ces pièces séparément (pl. V, fig. 1, 2 et 3): AB portion du châssis; C châssis de suspension; g gouttières ou coussinets pour recevoir le couteau du pendule; S assemblage des traverses supérieures du pendule; T assemblage des traverses inférieures au-dessus de la lentille; F fourchette d'échappement avec sa vis de rappel; H pont d'échappement; $b\,b\,b$ trous qui reçoivent les broches placées dans l'épaisseur des platines de la cage, pour fixer le mouvement sur son châssis; cc ouvertures pour passer la corde du poids. Toutes ces pièces sont reconnues à la seule inspection et n'ont pas besoin de plus ample détail.

ARTICLE II.

Mouvements de la Sphère.

Après avoir exposé le mécanisme de l'horloge, passons aux mouvements de la sphère dont elle est surmontée.

La roue S (pl. III, fig. 2) qui conduit l'aiguille solaire du second cadran, par une suite de roues MN, etc., dont les solides sont entre eux comme 91676 : 91425, donne le mouvement à l'axe de la terre qui est aussi celui de la sphère. Cet axe fait une révolution en o j., 99726209695 de temps moyen, et cette vitesse est encore celle du globe terrestre qu'on voit au centre de la sphère.

Le même axe entraîne dans sa révolution un méridien m (pl. VI, fig. 1) qui, au bout de o j., 9972621, se retrouvera constamment vis-à-vis le même point de l'équateur céleste, et au bout d'un jour entier vis-à-vis le lieu moyen du soleil. Ce méridien porte un horizon N auquel on peut donner une inclinaison quelconque par rapport à l'axe de la terre. Alors il servira à distinguer la partie visible de la sphère d'avec celle qui est invisible, au moins pour le lieu qui compte les heures marquées par la pendule, et qui a une latitude égale à l'angle que fait l'horizon avec l'axe de la terre. C'est ainsi qu'on peut trouver les heures du lever et du coucher du soleil et de la lune, qu'on voit circuler l'une en un mois, l'autre en un an, l'une au-dedans, l'autre au-dehors de la sphère, par un mécanisme dont nous allons développer la disposition.

L'axe de la terre, par une suite de roues a, b, c, d (pl. VIII, fig. 5), dont le solide est à celui de leurs pignons comme 840160 : 2294, fait tourner l'axe de l'écliptique en 365 j., 24. C'est dans le même temps que le soleil S (pl. VI, fig. 1), attaché par un quart de cercle au pôle de l'écliptique, fait sa révolution autour de la sphère. La marche de ce soleil est un peu trop rapide : au lieu de faire son cercle juste dans une année moyenne, il fera de plus 9″,2 de degrés. Cette légère avance dépend de deux causes : la première, comme on le verra ci-après, vient de ce que le mouvement de la terre sur son axe est trop rapide; la seconde dépend du mouvement propre du soleil, car il faut 366 j. 5 h. 49′ 45″ 17‴, temps sidéral pour former 365 j. 5 h. 48′ 48″, et le rouage ci-dessus ne donne que 49′ 0″ 53‴ $\frac{318}{2294}$, temps sidéral.

On auroit pu corriger facilement ce défaut par un autre système de roues qui auraient été à leurs pignons comme 735782 : 2009.

Solide des pignons, $\quad 2009 = 7 \times 7 \times 41$
Solide des roues, $\quad 735782 = 61 \times 74 \times 163$ $= 366^{j.}\ 5^{h.}\ 49'\ 47''\ 9'''$.

Ce rouage n'est en erreur que de 1″ 52‴, mais il a été calculé depuis. Lecteur, ne perdez pas de vue qu'à l'époque où nous sommes (août 1827), il y a plus de 61 ans que j'ai construit cette machine; qu'à la fin de son exécution, j'entrais seulement dans ma quinzième année, et vous excuserez sans peine mes petites erreurs de calcul. C'est à la connaissance tardive des logarithmes que je dois la facilité que j'ai acquise dans la suite, et le moyen de multiplier, pour ainsi dire, mon existence, à l'aide d'un instrument qui permet de faire, en quelques heures, un travail qui me coûtoit alors des mois entiers (1).

---

[1] Cette machine fut présentée à l'Académie des Sciences de Besançon au mois de mai 1768, puis à l'Institut de France trente-deux ans après, au mois de janvier 1800, lorsque j'eus reconstruit une horloge à poids à la place de celle à ressort qui subsistoit dès l'origine. M. Ferdinand Schwerdfeger, le plus habile ébéniste de cette époque, me fit un nouveau piédestal, disposé pour la descente du poids et pour renfermer le pendule; c'est dans cet état qu'elle existe encore aujourd'hui dans la maison Breguet.

Si la lune faisoit sa révolution dans le même plan et autour des mêmes pôles que le soleil, ou seulement autour de pôles immobiles, on conçoit que pour représenter cette révolution, il suffiroit de quelques roues de plus. Mais l'orbite de la lune est inclinée à l'écliptique, les pôles de cette orbite ne sont pas fixes; ils font en 18 années communes, plus 288 jours, une révolution autour des pôles de l'écliptique. Cette complication augmentoit singulièrement la difficulté. Je la surmontai par des moyens dont je vais essayer de donner une idée à ceux qui ne sont pas habitués à juger de l'effet des rouages.

Une suite de quatre roues (pl. VIII, fig. 4), dont le solide est à celui de leurs pignons comme 629000 : 23040, et dont la première a pour axe l'axe même de la sphère, communique le mouvement à la roue qui porte la lune. Cette dernière roue L a une forme particulière : elle est faite en anneau (fig. 5), et les dents sont à la circonférence intérieure. C'est par là qu'elle communique au pignon p qu'elle embrasse, et ce pignon est un huitième de la roue. Par cet arrangement la lune tourne autour de son pôle en 27 j., 2256015181, temps moyen. Cette révolution seroit trop prompte, si elle se faisoit autour d'un pôle immobile. Voici le moyen employé pour ralentir le mouvement, et transporter le pôle le long d'une circonférence qui a pour axe et pour pôle, l'axe et le pôle même de l'écliptique.

La roue de la lune ne tient point à un axe. Elle est évidée intérieurement et assujettie dans une bordure circulaire cc (pl. VI, fig. 2 et 3), où elle peut tourner librement avec la vitesse ci-dessus. Mais par cette bordure elle tient à la grande roue N qui reçoit son mouvement de la roue annuelle du soleil, et fait un tour en 6799 j., 1924, comme les nœuds de la lune. Cette roue des nœuds causeroit dans cet intervalle un retard d'une révolution entière à la roue L, ce qui feroit o j, 109 sur chaque révolution. Mais, à cause du pignon qui est $\frac{1}{8}$ de la roue, le retard diminue de $\frac{1}{8}$, et se réduit à o j., 09573. Ajoutant ce retard à la révolution de la lune, on retrouve à très peu près la durée du mois tropique lunaire : seulement la lune fait chaque mois environ 12" de degré de plus qu'une circonférence entière. Cependant ces révolutions calculées sur l'unité du jour sidéral, ou la rotation diurne de la terre sur son axe, seroient suffisamment exactes, si cet axe exécutoit véritablement des révolutions sidérales; mais lorsque la sphère est conduite par l'horloge, ces révolutions deviennent trop rapides. En voici la preuve.

La roue S (pl. III, fig. 2.), qui conduit l'aiguille solaire du second cadran, et dont la révolution est d'un jour moyen, par une suite de roues qui sont entre elles (pl. VIII, fig. 3.) comme $91676 : 91425$, fait tourner l'axe de la terre en une fraction de jour, moyen $= \frac{91425}{91676} = 0$ jour, $97726.20969.501$; mais le jour sidéral $= \frac{164359}{164809} = 0$ jour, $99726.95665.892$. L'erreur de l'axe de la sphère est donc 0 jour, $00000.74696.391$.

La fraction $\frac{91425}{91676}$ donne une accélération de $3'\ 56''\ 33'''$, par conséquent trop grande ; mais c'est celle que l'on trouvoit, à l'époque de mon travail, dans les *Éphémérides de Vienne*, publiées par le P. Hell, et je n'avois pas d'autre ressource. J'oserai le répéter, lecteur, reportez-vous au-delà de soixante ans, dans un coin retiré du mont Jura, à 120 lieues de la capitale, entre trois rochers stériles, où il m'étoit plus facile d'avoir des communications avec les ours qu'avec les hommes, et vous excuserez mes erreurs.

Si j'avois employé la fraction $\frac{91676}{91927}$, l'accélération auroit été de $3'\ 55''\ 54'''\ 32^{IV}$, et la révolution de la lune se seroit trouvée sensiblement conforme à celle qui a lieu dans le ciel.

$$\begin{array}{l} \text{Temps moyen,}\ 91927 = 11 \times 61 \times 137 \\ \text{Temps sidéral,}\ 91676 = 4 \times 43 \times 52 \end{array} = \text{accél.}\ 3'\ 55''\ 54'''\ 32^{IV}.$$

Voici une preuve que le rouage de la lune serait d'une exactitude suffisante, s'il n'étoit pas altéré par l'erreur de l'axe de la terre.

La roue de la Lune L (pl. VI, fig. 2.) tourne de 1 vers 2 en 27 jours, 30034722222 ; la roue N de N vers O (en sens contraire de la première) en 6817 jours sidéraux, 89729759706 ; donc la roue L fait 249 révolutions, 7366514054, pendant que la roue N en fait une en sens contraire. Cette révolution de N se fait aussi en sens contraire de la révolution du pignon à lanterne, (fig. 4.) dont le diamètre est $^1/_8$ de celui de la roue L, de sorte que le mouvement de la roue N fait perdre $^7/_8$ de révolution à la roue L pendant l'intervalle de 6817 jours, 89729759706. Il reste donc 248 révolutions, 8616514054 de la roue L pendant 6817 jours sidéraux, 89729759706. Ce qui donne pour chaque révolution de la roue L

$27^{j\ \text{sid.}}, 396428601666$.
ou $27^j\ \ 9^h\ 30'\ 51'', 431$, temps sidéral.

Il seroit facile de s'en assurer par l'expérience, si l'on pouvoit augmenter la vitesse de N. Supposons, par exemple, que la roue L fasse 25 révolutions pendant que la roue N n'en fait qu'une, on auroit alors $24\,{}^1/_8$ révolutions $=$ 25 fois 27 jours sidéraux, 300347222; ce qui donne

$$28^{j.},2905149$$
$$\text{ou } 28^{j.}, 6^{h.} 58' 2''.$$

Mais, d'après le rouage, le temps de la révolution de N est $\frac{840160}{2294}\;\frac{53.170}{22.22}$
$= \frac{2100400.53.17}{2294.\;11.11} = \frac{17.53.1050200}{1147.11.11} = \frac{2.17.53.59.8900}{21.11.31.37} = 6817^{j.}, 8584215$, c'est-à-dire $6817,858$ etc. tours de l'axe de la terre, lesquels valent encore moins que des jours sidéraux, puisque cet axe tourne trop vite. Mais en faisant abstraction de cette erreur, la révolution de N ne serait que

$$\begin{array}{rl} \text{De} & 6817,8584215 \\ \text{Au lieu de} & \overline{6817,8972976} \\ \text{Excès} & 0,0388761 \end{array}$$

La véritable valeur de N, convertie en temps sidéral, seroit de $6817, 80795,50054$.

Dans cette hypothèse, la révolution lunaire seroit trop rapide de $22''$ de temps moyen [1]; ainsi à chaque tour la lune avanceroit sur son cercle de

---

[1] Soit n la révolution des nœuds, y celle de la roue qui porte la lune, je cherche d'abord le quotient $\frac{n}{y}$; j'en retranche $\frac{7}{8}$; le reste est $\frac{n}{y} - \frac{7}{8} = \frac{8n-7y}{8y}$; ensuite je cherche le quotient de la division de n par $\frac{8n-7y}{8y}$ ou $\frac{8n\cdot y}{8n-7y} = \frac{y}{1-\frac{7y}{8n}} = y \left(1 + \left(\frac{7y}{8n}\right) + \left(\frac{7y}{8n}\right)^2 + \left(\frac{7y}{8n}\right)^3 + \right.$

Que y et n soient exprimés en temps sidéral ou moyen, peu importe, $\left(\frac{7y}{8n}\right)$ qui est le rapport des deux révolutions sera toujours le même nombre, toute la série enfermée entre les crochets sera la même sans aucune différence; mais selon que y sera donné en temps moyen ou en temps sidéral, on aura la révolution de la lune en l'un ou l'autre de ces temps.

En admettant cette formule, et prenant pour unité le jour moyen, ou une révolution de l'aiguille solaire, second cadran, on a, d'après les roues et les pignons, pour y et n les valeurs suivantes:

$$y = \frac{25.53.69}{41.43.52}\;\frac{17.25.37.40}{12.16.24.\;5} = \frac{25.53.69}{41.43.52}\;\frac{17.25.37.8}{12.16.24.} = \frac{25.53.69}{41.43.52}\;\frac{17.25.37}{12.16.3.}$$

$12'', 1$. C'est aussi la quantité qu'avoit trouvée Delambre, en exprimant les

$$= \frac{25.53.23}{41.43.52} \cdot \frac{17.25.37}{12.16} = \frac{17.25.25.23.37.53}{12.16.41.43.52} = \frac{17.23 \cdot \frac{100}{4} \cdot \frac{100}{4} \cdot 37.53}{12.16.41.43.52}$$

$$= \frac{17.23.37.530000}{41.48.48.52.64} = \frac{17.23.37.530000}{3.4.4.4.4.4.13.41.43} = \frac{17.23.37.530000}{3.4^6.13.41.43.}$$

$$n = \frac{25.53.69}{41.43.52} \cdot \frac{840160}{2294} \cdot \frac{53.170}{22.70}$$

$$\frac{n}{y} = \frac{25.53.69}{41.43.52} \cdot \frac{17.25.37.40}{12.16.24.5} \cdot \frac{41.43.52}{25.53.69} \cdot \frac{2294}{840160} \cdot \frac{22.22}{53.170}$$

$$\frac{7y}{8n} = \frac{7}{8} \cdot \frac{17.25.37.40}{12.16.24.5} \cdot \frac{2294}{840160} \cdot \frac{22.22}{53.170} = \frac{7.17.25.37}{12.16.24} \cdot \frac{1147}{420080} \cdot \frac{22.22}{53.170}$$

$$= \frac{7.17.\overset{100}{4}.37.1147.22.22}{12.16.24.53.4200800} = \frac{7.17.37.1147.11.11}{12.16.17.24.53.42008} = \frac{7.11.11.37.1147}{12.16.24.53.42008}$$

$$= \frac{7.11.11.37.1147}{12.16.24.53.42008} = \frac{7.11.11.37.1147}{16.24.24.53.21004} = \frac{7.11.11.37.1147}{20.24.32.53.10502} = \frac{7.11.11.37.1147}{2.24.24.32.53.5251}$$

Et révol. de la lune $= \frac{17.23.27.530000}{41.43.48.52.64.}$

$$\frac{1}{1 - \frac{7.11.11.37.1147}{12.16.24.53.42008}} = \frac{y}{1 - x}$$

$$= y \left(1 + x + \overset{2}{x} + \overset{3}{x} + \overset{4}{x} + \text{etc.} \right) \text{ on fera } y = \frac{17.23.37.530000}{\overset{6}{3.4}.13.41.43}$$

$$x = \frac{7.11.31.37}{\overset{2}{3}.\overset{6}{4}.53.59.89}$$

Et l'on pourra avoir x avec une grande exactitude par les logarithmes. J'ai fait ce calcul avec diverses tables, et j'ai trouvé 27^j 7^h $42'$ $42''$, 699456 comme par le calcul numérique. Car celui-ci m'avait donné $y = 27^j, 22560.15181$; $n = 6799^j, 19238.43716.5$; $\frac{n}{y} = 249$, $73524.93700.25$ $\frac{n}{y} - \frac{7}{8} = 248, 86024.53700.25$, et révol. de la lune $= 27^j, 32132754$ $= 27^j$ 7^h $42'$ $42''$, 699456.

Au lieu de $\frac{7}{8}$ mettons m dans la formule pour la rendre plus générale, nous aurons révol. $= 1 - \frac{\frac{y}{my}}{n} = y \left(1 + \left(\frac{my}{n}\right)^1 + \left(\frac{my}{n}\right)^2 + \left(\frac{my}{n}\right)^3 + \text{etc.} \right)$.

Cette formule exprimera la révolution composée de la roue y retardée par une roue n, my étant le retard de y pendant une révolution de n.

En faisant m négatif, le dénominateur deviendra $\left(1 + \frac{my}{n} \right)$, et la série sera mouvements angulaires en degrés, et réduisant tout à la même échelle. (*Des révolutions des corps célestes par le mécanisme des rouages*, pag. 117 et 118.)

La roue des nœuds (pl. VI, fig. 1.) fait circuler autour des pôles de l'écliptique un arc de cercle Q qui, par son intersection avec l'écliptique, indique le lieu du nœud.

Quand le nœud coïncidera avec le lieu du soleil ou de la lune dans les syzygies, on en pourra conclure une éclipse de soleil ou de lune, suivant que ces astres seront en conjonction ou en opposition. Il n'est pas même nécessaire que la coïncidence soit bien exacte. Jusqu'à 13° 33′ de distance au nœud, l'éclipse de soleil est certaine. Jusqu'à 19° 44′ elle est douteuse; passé 20° elle n'a plus lieu. Les limites sont plus resserrées pour l'éclipse de lune, elle n'est sûre que jusqu'à 7° 47′, et n'a plus lieu passé 13° 21′.

La figure 5 représente une fraction du quart de cercle *d* (fig. 1 et 2) qui porte la lune L dans l'intérieur de la sphère. Cet arc de cercle est fixé, avec deux vis, sur un anneau qui embrasse la roue de la lune, sur laquelle il peut tourner à frottement doux, au moyen de la section faite en *c* qui le constitue en état de ressort. On voit ces pièces de profil (fig. 3): *dd* est l'anneau fixé au quart de cercle; LL est la roue de la lune; *ee* plateau fixé sur la roue des nœuds; *cc* deuxième plateau qui porte une retraite pour assujétir la roue de la lune sur le premier, avec la liberté de tourner. L'inspection de ces pièces en indique suffisamment l'emploi.

ARTICLE III.

Équation du temps.

Il nous reste à expliquer comment cette machine donne l'équation du temps, ou plutôt le temps vrai.

Vers le haut de la sphère (pl. VI, fig. 1.), on aperçoit deux cadrans cylindriques M V, tournant autour du même axe; l'un indique le temps moyen, et l'autre le temps vrai. Ils sont mis en mouvement par deux roues conduites

$y\left(1 - \left(\dfrac{my}{n}\right) + \left(\dfrac{my}{n}\right)^2 - \left(\dfrac{my}{n}\right)^3 + \text{etc.}\right)$. Alors le retard sera changé en accélération. Si $m = 0$, la roue *y* n'est ni avancée ni retardée.

par deux pignons pratiqués sur le même axe, et qui leur font achever une révolution en une année moyenne.

L'une de ces roues e est parallèle à l'équateur de la sphère; c'est elle qui conduit le cadran du temps moyen M, auquel elle communique une vitesse angulaire de 59' 8", 3 par jour. Le point midi de ce cadran avance de la même quantité que le soleil fictif moyen que l'on suppose parcourir l'équateur céleste.

L'aiguille de ce cadran mobile est une pointe verticale v placée sur un méridien m entraîné par l'axe de la terre dans sa révolution diurne. A chacune des révolutions de l'axe, l'aiguille se trouvera de 3' 56" en retard à cause du mouvement propre du cadran. Ces deux mouvements combinés donnent une idée précise de la manière dont se compose le jour moyen astronomique.

La seconde des deux roues z fait mouvoir le cadran V du temps vrai. Elle est inclinée de 23° 28' à la première, et, par conséquent, parallèle à l'écliptique. Dans son mouvement, qui ne peut être qu'uniforme, elle entraîne, au moyen d'un arc de cercle c, un canon qui lui est excentrique, et auquel elle donne un mouvement inégal à raison de cette excentricité. Mais ce canon est lui-même incliné de 23° 28' à l'axe de la roue qui le meut; ainsi son mouvement se modifie encore à raison de cette inclinaison, et le cadran du temps vrai qu'il conduit a dans sa révolution les deux inégalités qui produisent la différence entre le temps vrai et le temps moyen, ou l'équation du temps.

Celle de ces inégalités qui vient de la réduction de l'écliptique à l'équateur peut être représentée avec toute la perfection que l'on voudra; il suffit d'incliner les roues de manière qu'elles fassent un angle égal à l'obliquité de l'écliptique.

Il n'en est pas tout-à-fait de même de l'autre inégalité; il est aisé de voir que c'est revenir à l'idée des anciens astronomes qui faisoient tourner le soleil dans un cercle dont la terre n'occupoit pas le centre. Or cette hypothèse ne représente pas exactement la marche du soleil qui se meut sur la circonférence d'une éclipse.

Pour déterminer l'erreur, Delambre [1] a réduit en série l'équation du centre

[1] Dans son rapport à l'Institut, qui étoit une longue analyse du mémoire que nous lui avions fourni, analyse qui fait la base de cette description.

que fournit l'ancienne hypothèse; et la comparant à la série qui exprime l'équation elliptique, il a trouvé qu'en négligeant les cubes de l'excentricité, ce qui est ici permis, la différence entre les deux séries est de $3/4\ e^2 sin.$ 2 *anom.*, ou en temps — $2''$, 9 *sin.* (double anomalie moyenne); c'est à cela que se réduit l'erreur nécessaire de la méthode, et cette erreur aura lieu dans les octans.

Il est très douteux que par les moyens connus on puisse arriver à cette précision; mais en supposant qu'on le pût, il faut considérer que dans ces méthodes il y a une autre source d'erreur bien plus sensible. Toutes les pendules connues donnent l'équation pour les 365 jours de l'année commune; ainsi l'équation revient toujours la même à jour pareil. Cela seroit bien si l'année étoit de 365 jours juste; mais à cause des 5 heures $48'\ 48''$ qui s'accumulent pendant trois ans de suite avant de produire un jour entier, il arrive que la pendule donne à midi l'équation qui avoit lieu réellement à six heures ou minuit; ce qui peut produire une erreur de 15 à $20''$.

La méthode suivie dans cette sphère n'est pas sujette à la même erreur, puisqu'elle est fondée sur une période astronomique. Cette construction, en la supposant parfaitement exécutée, donnera, à $3''$ près, la précision de ces Tables composées de l'équation du temps, qui ont pour argument la longitude du soleil, et entre autres des Tables de Mayer, édition de Londres et de Berlin. Ces Tables supposent l'apogée immobile et l'excentricité invariable aussi bien que l'obliquité. L'erreur de ces suppositions peut en produire une de $14''$ vers 3 et 9 signes de longitude au bout de cent ans; mais cet inconvénient est inévitable, à moins de donner à ces machines une complication que l'objet ne mérite pas.

Telle est l'exactitude avec laquelle j'étois parvenu, dès l'année 1766, à représenter l'équation du temps par les causes qui la produisent; mais ce ne fut que pour l'exposition des produits de l'industrie françoise, en 1806, que j'adaptai ce système à une pièce construite exprès, et destinée à servir de modèle pour des pendules à équation d'un genre absolument neuf. Depuis vingt-un ans, cette machine est encore unique, parceque sa construction n'est pas à la portée des intelligences communes. M. Paul Garnier, mon élève, se propose de la reproduire avec toute l'exactitude qu'elle comporte, et de prolonger ainsi la trace de mon passage sur la terre.

Il seroit à desirer qu'un jeune homme qui donne de si grandes espérances devînt un peu moins irascible, pour ne pas encourir, à l'exposition prochaine, le reproche amical d'*ergoteur,* de la part de ses juges. Enthousiaste de Jean-Jacques Rousseau, Garnier veut tout peser dans la balance de la perfection; pour rendre l'équilibre à son imagination, je lui fais lire Montaigne, qui pèse les choses dans la balance commune. Jean-Jacques [1] veut que les hommes soient tels qu'ils devroient être, Montaigne les peint tels qu'ils sont, et c'est ainsi qu'il faut les prendre. « Lorsque la cupidité agit dans « l'ombre, lorsqu'elle évite tout examen critique, lorsque n'employant que « des paroles artificieuses, qu'elle varie au gré des circonstances et des per- « sonnes, elle choisit les esprits crédules et peu éclairés pour exercer sur « eux l'empire de la séduction, ses vues coupables et honteuses ne méritent « pas notre colère. » Et le naïf Michel de Montaigne, en parlant à la froide raison de mon élève, lui fera sentir cette vérité.

La roue parallèle à l'écliptique (pl. VII, fig. 5 et 6.) est montée sur un pont mobile aux points *a a* sur des vis à pivots; elle peut se fixer à volonté dans une position parallèle et concentrique à la roue de l'équateur. Au moyen de cet ajustement, on peut détruire les deux causes principales de l'équation du temps, et faire comprendre avec la plus grande facilité, aux ouvriers les moins instruits, la manière dont se composent les jours vrais et les jours moyens, et quelles sont les causes qui rendent les premiers inégaux. Il serait possible que M. B., possesseur actuel de cette sphère, ne lui connût pas cette propriété.

La figure 7 présente l'arc de cercle qui conduit le cadran du temps vrai par l'action du petit cylindre d'acier (fig. 9), fixé par une vis sur la roue annuelle (fig. 5). La figure 8 présente cet arc de cercle, vu perpendiculairement au canon qui le porte: c'est dans l'ouverture longitudinale pratiquée à cet arc de cercle que passe, sans jeu, le petit cylindre d'acier (fig. 9). La figure 10 présente le plan d'ajustement de la roue annuelle vu de profil (fig. 6), et l'un des ponts *pp*.

[1] Tout ce qu'on peut dire, sans prétendre juger cet homme de feu, c'est que si Jean-Jacques a vécu d'après ses principes, et s'ils ne lui ont pas fait atteindre le seul but qu'il devoit se proposer, le bonheur qui pouvoit convenir naturellement à un homme de son état, de tels principes peuvent bien être l'effet de la bonne foi, mais non pas le résultat d'un jugement sain.

ARTICLE IV.

TABLEAU DES ROUES ET PIGNONS DE LA SPHÈRE.

Communication du mouvement à l'axe de la terre motrice de 24 heures.

P. 43.52.82
R. 50.53.69   accélér. 3' 56'' 33''' 17'' $\frac{33428}{91676}$

La roue 52 (pl. VIII, fig. 3) conduit celle de 69, celle-ci porte la roue 82 qui mène la roue 50 ; la roue 50 est fixée à la roue 43 qui conduit la roue 53, placée sur l'axe de la terre auquel elle donne la vitesse du jour sidéral.

Révolution annuelle du soleil, motrice sidérale.

P. 8.12.31. 37
R. 48.59.89.160 $= 365^j$ 5^h 49' 0'' 53''' $\frac{318}{2291}$

Le pignon 8 (fig. 5) est placé sur l'axe de la terre, il conduit la roue 48, fixée sur un pignon de 12 qui mène la roue 59 ; celle-ci porte une roue de 37 qui conduit la roue 89, qui a pour pignon 31 qui engrène dans la roue ponctuée 160, et qui tourne avec la vitesse ci-dessus.

Révolution des nœuds de la lune, motrice annuelle.

P. 22. 22
R. 53.170   vitesse 6799 jours, 1924.

L'axe de la roue annuelle porte une roue ponctuée o, qui engrène dans une roue de même diamètre et nombre de dents; cette deuxième roue (destinée à donner à la roue des nœuds un mouvement en sens contraire du mouvement du soleil) porte un pignon de 22 qui conduit la roue 53, dont le pignon 22 donne à la roue 170 la vitesse des nœuds de la lune.

Révolution périodique de la lune, motrice sidérale.

P. 12.24.32.10
R. 25.34.37.80 $= 27^j$ 9^h 30' 51'', 431, temps sidéral.

Un pignon de 12, placé sur l'axe de la terre, conduit la roue 25, dont le pignon 24 conduit la roue 34, fixée à la roue 32, qui mène la roue 37, dont le pignon 10 conduit la roue 80, formée en anneau avec les dents à la circonférence intérieure.

La roue 37 (pl. VI, fig. 4) est montée sur un canon qui tourne librement sur l'axe de la roue annuelle. Ce canon, comme on le voit, est découpé vers le milieu pour former le pignon de 10. Le canon de la roue des nœuds tourne sur celui de la roue B.

La révolution périodique de la lune, retardée par la révolution de la roue des nœuds, est composée de 4 pignons et 4 roues, et comme le pignon de 10 qui est un huitième de la roue LE, engrène par la circonférence intérieure, la lune tourneroit d'orient en occident, si l'on ne mettoit pas une roue de renvoi entre le premier pignon et la roue suivante.

Si l'on vouloit que le pignon 10 ne fût que le cinquième de la roue, le solide des pignons seroit à celui des roues comme 238950 : 8650. Ce rouage qui n'exigeroit que trois roues n'auroit pas besoin d'un renvoi.

$$\frac{\text{Solide des pignons,}\quad 8750 = 25 \times 35 \times 10}{\text{Solide des roues,}\quad 238950 = 59 \times 81 \times 50} = 27^{j.}\ 7^{h.}\ 24'\ 20''\ 34''',\ \text{temps moyen.}$$

Cette révolution seroit en défaut de $25'''$.

On ne peut se rendre compte des effets de ces deux rouages, destinés à produire une révolution de même durée, quoiqu'ils en diffèrent entre eux, sans avoir bien compris les pages 12, 13 et 14.

ARTICLE V.

TABLEAUX DE ROUAGES POUR LES RÉVOLUTIONS DE LA LUNE ET DU SOLEIL.

Plusieurs ouvriers recommandables[1] m'ont souvent demandé le calcul d'un rouage pour faire marquer le lever et le coucher de la lune; quelques uns m'ont présenté, avec une assurance qui n'admettoit aucun doute, des

---

[1] C'est pour eux que je place ici les tableaux suivants, qui sont totalement étrangers à ce qui concerne la sphère.

cadratures de pendule où ils donnoient à l'horizon mobile les mêmes variations que celles qui auroient lieu pour le lever et le coucher du soleil; j'en ai vu d'autres qui faisoient tourner la lune en 24 heures juste, au lieu de 24^h $50'$ $28''$ $20'''$ que renferme le jour lunaire moyen. Je n'ai jamais pu leur faire concevoir que les lignes qui terminent le jour solaire, et dont les déplacements successifs sont tous compris dans une période annuelle, ne pouvoient mesurer les jours lunaires dont les mêmes changements ne s'étendent pas au-delà d'une révolution de 27^j 7^h $43'$ $4''$, 6795, et que, de cette manière, on auroit seulement le terme moyen entre les diverses latitudes de la lune dont l'orbite s'écarte de $5\frac{1}{2}$ degrés de part et d'autre de l'écliptique sur laquelle les nœuds rétrogradent avec la vitesse de 6798^j 4^h $52'$ $5''$; en sorte qu'il faudroit non seulement employer la révolution périodique de la lune, mais encore sa révolution par rapport au nœud [1] pour modifier le mouvement de l'horizon.

Il faut avoir plus de connoissance des mouvements célestes que n'en possèdent ordinairement les meilleurs artistes horlogers pour être certain de réussir dans la composition de pareils ouvrages, et je doute fort que ceux qui s'en occupent y gagnent beaucoup de gloire, et qu'ils y fassent le moindre profit, car je sais mieux que personne que ce n'est pas avec des machines de ce genre qu'on arrive à la fortune.

PREMIER TABLEAU.

Révolution périodique de la lune en 27^j 7^h $43'$ $4''$, 6795 [2], motrice de 24 heures $= 86400''$.

Solide des pignons P. $\quad 3800 = 10 \times 19 \times 20$
Solide des roues $\quad$ R. $103822 = 37 \times 46 \times 61$ $= 27^j$ 7^h $43'$ $4''$ $25'''$ $\frac{1900}{3800}$

2. $\quad$ P. $\quad 6580 = 10 \times 14 \times 47$
$\quad$ R. $170776 = 53 \times 53 \times 64$ $= 27^j$ 7^h $43'$ $4''$ $37'''$ $\frac{1130}{6580}$

[1] En 27^j 5^h $5'$ $85''$,6030.

[2] C'est la révolution par rapport à l'équinoxe, et le rouage le plus approchant de sa véritable durée est sous le n° 2. Une aiguille tournant avec cette vitesse peut indiquer la longitude moyenne de la lune sur un cercle divisé en 360°; et en y joignant la révolution annuelle du soleil, on auroit aussi la révolution synodique par la coïncidence des deux aiguilles.

(25)

3. P. $8200 = 10 \times 20 \times 41$
    R. $224037 = 31 \times 73 \times 99$ $= 27^j· 7^h· 43' 4'' 58''' \frac{4400}{8200}$

4. P. $426 = 6 \times 71$
    R. $11639 = 103 \times 113$ $= 27^j· 7^h· 43' 5'' 54''' \frac{396}{426}$

5. P. $5056 = 8 \times 8 \times 79$
    R. $138138 = 23 \times 42 \times 143$ $= 27^j· 7^h· 43' 6'' 4''' \frac{2816}{5056}$

6. P. $1449 = 7 \times 9 \times 23$
    R. $19586 = 11 \times 59 \times 61$ $= 27^j· 7^h· 43' 5'' 20''' \frac{180}{1449}$

7. P. $1421 = 29 \times 49$
    R. $38824 = 184 \times 211$ $= 27^j· 7^h· 43' 6'' 37''' \frac{1063}{1421}$

SECOND TABLEAU.

Révolution synodique de la lune en $29^j· 12^h 44' 2'',8283$ [1], *motrice de* 24 *heures*, $= 864000''.$

Solide des pignons $328 = 8 \times 41$
Solide des roues $9686 = 58 \times 167$ $= 29^j· 12^h 43' 54'' 8''' \frac{256}{328}$

2. P. $2737 = 7 \times 17 \times 23$
    R. $80825 = 25 \times 53 \times 61$ $= 29\, 12\, 43\, 55\, 52 \frac{1976}{2737}$

---

[1] C'est le mouvement moyen par rapport au soleil : on a pu le déterminer par un procédé qui n'exige ni théorie ni instruments, et qui par-là convenoit fort aux anciens, qui l'ont employé les premiers.

Supposons que l'on ait deux observations d'éclipse dans lesquelles la déclinaison de la lune ait été égale, mais de signe contraire à celle qu'avoit alors le soleil, on en conclura qu'au milieu de l'éclipse la lune étoit diamétralement opposée au soleil, et qu'elle avoit, dans l'intervalle, accompli un nombre entier de révolutions synodiques.

Soit M le mouvement diurne de la lune, m le mouvement diurne du soleil, $(M - m)$ sera le mouvement relatif avec lequel la lune peut rejoindre le soleil ou se retrouver en conjonction. On aura donc

$$M - m : 1^j · :: 360° : \text{révolution synodique} = \left(\frac{360°}{M - m}\right).$$

On sait, par l'observation des phases, que la révolution synodique est de 29 jours et demi à-peu-près : on saura donc le nombre de révolutions synodiques qui auront eu lieu dans l'intervalle. Soit n ce nombre, on aura $n · \left(\frac{360°}{M-m}\right) = N$, d'où $\left(\frac{N}{n}\right) 360° = M - m$. Cette équation donnera le mouvement relatif, d'où l'on conclura le mouvement propre $= M = \left(\frac{n}{N}\right) 360° + m$, et la révolution synodique $= \left(\frac{360°}{M - m}\right)$ sera connue.

On a trouvé de cette manière que le mois synodique est de $29^j· 12^h· 44' 3''$, et le moyen mouvement diurne 15° 10' 35".

(26)

3. $\begin{array}{l} \text{P.} \quad 475 = 19 \times 25 \\ \text{R.} \quad 14027 = 83 \times 169 \end{array}$ = 29ʲ 12ʰ 43′ 57″ 18‴ $\frac{200}{475}$

4. $\begin{array}{l} \text{P.} \quad 3078 = 9 \times 18 \times 19 \\ \text{R.} \quad 90895 = 35 \times 49 \times 53 \end{array}$ = 29 12 43 58 35 $\frac{2430}{3078}$

5. $\begin{array}{l} \text{P.} \quad 11656 = 8 \times 31 \times 47 \\ \text{R.} \quad 344208 = 48 \times 71 \times 101 \end{array}$ = 29 12 43 58 50 $\frac{9420}{11656}$

6. $\begin{array}{l} \text{P.} \quad 507 = 13 \times 39 \\ \text{R.} \quad 14972 = 76 \times 197 \end{array}$ = 29 12 44 1 25 $\frac{113}{507}$

7. $\begin{array}{l} \text{P.} \quad 7488 = 12 \times 16 \times 39 \\ \text{R.} \quad 221125 = 29 \times 61 \times 125 \end{array}$ = 29 12 44 2 18 $\frac{3156}{7488}$

8. $\begin{array}{l} \text{P.} \quad 703 = 19 \times 37 \\ \text{R.} \quad 20760 = 120 \times 173 \end{array}$ = 29 12 44 2 23 $\frac{271}{703}$

9. $\begin{array}{l} \text{P.} \quad 17490 = 15 \times 22 \times 53 \\ \text{R.} \quad 516490 = 58 \times 65 \times 137 \end{array}$ = 29 12 44 2 52 $\frac{15520}{17490}$

10. $\begin{array}{l} \text{P.} \quad 10656 = 16 \times 18 \times 37 \\ \text{R.} \quad 314678 = 38 \times 91 \times 91 \end{array}$ = 29 12 44 3 14 $\frac{6336}{10656}$

11. $\begin{array}{l} \text{P.} \quad 4380 = 6 \times 10 \times 73 \\ \text{R.} \quad 129344 = 43 \times 47 \times 64 \end{array}$ = 29 12 44 3 17 $\frac{1140}{4380}$

12. $\begin{array}{l} \text{P.} \quad 18662 = 14 \times 31 \times 43 \\ \text{R.} \quad 151100 = 55 \times 60 \times 167 \end{array}$ = 29 12 44 3 34 $\frac{9532}{18662}$

TROISIÈME TABLEAU.

Révolution annuelle du soleil en 365ʲ 5ʰ 48′ 48″ [1], *motrice de* 24 *heures* = 86400″.

Solide des pignons. 2350 = 5 × 10 × 47 = 365ʲ 6ʰ 48′ 40″ 50‴ $\frac{100}{2350}$
Solide des roues. 858319 = 71 × 77 × 157

2. $\begin{array}{l} \text{P.} \quad 2135 = 5 \times 7 \times 61 \\ \text{R.} \quad 779792 = 53 \times 92 \times 163 \end{array}$ = 365 5 48 42 9 $\frac{665}{2135}$

---

[1] La durée de l'année, déduite de la comparaison des équinoxes observés par Hipparque, est, suivant Lalande, de 365ʲ 5ʰ 48′ 48″. Ptolémée supposoit 55′ 12″; Copernic, 49′ 16″ 23‴ ½, c'est la durée de l'année employée dans le calendrier grégorien. Newton trouvoit 57″ ½; La Caille, 49″.

En déterminant la durée de l'année par le mouvement séculaire du soleil, cent années moyennes

$$3. \quad \begin{array}{l} \text{P.} \quad 2312 = 8 \times 17 \times 17 \\ \text{R.} \quad 844440 = 60 \times 62 \times 227 \end{array} = 365^{\text{j}} \ 5^{\text{h}} \ 48' \ 47'' \ 20''' \ \tfrac{820}{2312}$$

$$4. \quad \begin{array}{l} \text{P.} \quad 1800 = 10 \times 12 \times 15 \\ \text{R.} \quad 657436 = 47 \times 52 \times 269 \end{array} = 365 \ 5 \ 48 \ 48 \ 0$$

vaudront 365^{j},4^{h},226396593684, et l'année 365^{j} 5^{h} 48' 51'',6. Delambre estime que cette durée ne doit guère différer de 365^{j} 5^{h} 48' 50 ou 51''.

Mais cette durée moyenne est trop longue pour notre siècle et les suivants. Par un milieu entre les quatre cents ans qui commencent à 1800, l'année moyenne, pendant quatre siècles, ne seroit que de 365^{j} 5^{h} 48' 37''. Ce seroit donc les deux premiers rouages qui conviendroient le mieux à l'époque où nous sommes ; et, dans la suite des siècles, les sixième et septième répondroient exactement à la durée de l'année moyenne.

L'année déterminée par les équinoxes s'appelle *tropique*, parceque anciennement on l'avoit conclue du retour du soleil à un même tropique.

L'équinoxe rétrogradant de 50'',1 par an, le soleil n'a réellement que 359° 59' 9'',9 à parcourir pour rencontrer le point équinoxial. L'année tropique est donc plus courte que l'année sidérale, qui ramèneroit le soleil à la même étoile ou au même point de l'écliptique. Nous dirions

$$360° - 50'',1 : 360° : : \text{année tropique} : \text{année sidérale.}$$

Soit donc T l'année tropique, S l'année sidérale,

$$S = \frac{360° \, T}{360° - 50'',1} = \frac{T}{1 - \frac{50'',1}{1296000''}} = T\left[1 + \left(\frac{50'',1}{1296000''}\right) + \left(\frac{50'',1}{1296000''}\right)^2 + \text{etc.}\right];$$

d'où $\qquad S - T = 20' 19'',9 \quad$ et $\quad S = 365^{\text{j}}$ 6^{h} 9' 11'',5.

Cette année est celle qu'on emploie pour calculer les révolutions de toutes les planètes par la troisième loi de Kepler.

L'année anomalistique, qui ramène le soleil à la même anomalie, c'est-à-dire au même point de son ellipse mobile, est plus longue que l'année sidérale, parceque l'apogée a un mouvement annuel de 11'',8 dans le même sens que le soleil. Soit M cette année,

$$360° : 360° 0' 11'',8 : : S : M = \left(\frac{360° \, 0' \, 11'',8}{360°}\right) S, \ M - S = 4' 47'',33 \ \text{et} \ M = 365^{\text{j}}\ 6^{\text{h}}\ 13' 58'',8.$$

Ce calcul fait voir combien se trompent ceux de messieurs les horlogers qui pensent obtenir une équation perpétuelle en donnant à leur courbe une vitesse de 1461 jours ; car le retard de 25' 10'',8 de l'année anomalistique sur l'année tropique produit 1^{h} 40' 43'',2 au bout de quatre ans : il s'en faut donc alors 1^{h} 40' 43'',2 que le soleil ne soit revenu au même point de son ellipse.

L'année est partagée par les deux équinoxes et les deux solstices de la manière suivante :

De l'équinoxe du printemps au solstice d'été.	92^{j}	21^{h}	36'
Du solstice d'été à l'équinoxe d'automne.	93	13	44
De l'équinoxe d'automne au solstice d'hiver.	89	16	56
Du solstice d'hiver à l'équinoxe du printemps.	89	1	33
	365	5	49

Or les équinoxes et les solstices partagent le cercle annuel en quatre arcs de 90° chacun ; il est

$$5.\ \begin{array}{l} \text{P.}\ \ 2093 = 7 \times 13 \times 23 \\ \text{R.}\ \ 764452 = 52 \times 61 \times 241 \end{array} = 365^{j}\ 5^{h}\ 48'\ 49''\ 11'''\ \tfrac{1137}{2093}$$

$$6.\ \begin{array}{l} \text{P.}\ \ 3160 = 10 \times 10 \times 31 \\ \text{R.}\ \ 1132251 = 51 \times 149 \times 146 \end{array} = 365\ \ 5\ \ 48\ \ 51\ \ 5\ \ \tfrac{2500}{3160}$$

$$7.\ \begin{array}{l} \text{P.}\ \ 3075 = 5 \times 15 \times 41 \\ \text{R.}\ \ 1123120 = 80 \times 101 + 139 \end{array} = 365\ \ 5\ \ 48\ \ 52\ \ 40\ \ \tfrac{8000}{3075}$$

$$8.\ \begin{array}{l} \text{P.}\ \ 1300 = 10 \times 13 \times 13 \\ \text{R.}\ \ 474815 = 55 \times 89 \times 97 \end{array} = 365\ \ 5\ \ 48\ \ 55\ \ 23\ \ \tfrac{100}{1300}$$

$$9.\ \begin{array}{l} \text{P.}\ \ 1960 = 10 \times 14 \times 1 \\ \text{R.}\ \ 715875 = 69 \times 125 \times 125 \end{array} = 365\ \ 5\ \ 48\ \ 56\ \ 46\ \ \tfrac{1040}{1960}$$

$$10.\ \begin{array}{l} \text{P.}\ \ 2752 = 8 \times 8 \times 43 \\ \text{R.}\ \ 1005147 = 71 \times 99 \times 142 \end{array} = 365\ \ 5\ \ 49\ \ 0\ \ 0\ \ \tfrac{1920}{2093}$$

$$11.\ \begin{array}{l} \text{P.}\ \ 2009 = 7 \times 7 \times 41 \\ \text{R.}\ \ 733772 = 52 \times 103 \times 137 \end{array} = 365\ \ 5\ \ 49\ \ 4\ \ 9\ \ \tfrac{150}{2909}$$

$$12.\ \begin{array}{l} \text{P.}\ \ 1938 = 6 \times 17 \times 19 \\ \text{R.}\ \ 707840 = 79 \times 80 \times 112 \end{array} = 365\ \ 5\ \ 49\ \ 13\ \ 33\ \ \tfrac{1206}{1938}$$

donc bien évident que la marche du soleil est inégale, puisqu'il est 7j 2/3 dans les signes septentrionaux, plus que dans les méridionaux.

Les anciens, prévenus d'idées chimériques de perfection qu'ils croyoient de l'essence des corps célestes, et persuadés que le mouvement circulaire et uniforme est le plus parfait, en conclurent que nous n'étions pas au centre du cercle décrit par le soleil.

SECONDE PARTIE.

ARTICLE PREMIER.

Description d'une machine qui représente le mouvement vrai du Soleil sans employer l'ellipse dont on fait usage pour l'équation du temps.

L'artifice de cette machine consiste dans la figure conique de la roue A (pl. VIII, fig. 1re), qui fait qu'un mouvement uniforme et toujours semblable à lui-même, tel que celui du pignon b, peut cependant imprimer à cette roue un mouvement très inégal. Ce système fut présenté par Roemer à l'Académie royale des Sciences en 1678: je ne l'ai connu qu'en 1788, cent-dix années après cette présentation, et il y en avoit alors vingt-deux que j'avois conçu et exécuté cette machine singulière. Commençons par développer le principe, non point tel que je l'ai suivi, mais tel qu'on le trouve dans le recueil des machines de l'Académie (tom. 1er, p. 89).

Si l'on veut faire mouvoir, par le moyen d'un pignon de 6 ailes, une roue de 24 dents, de manière que dans certaines parties de la révolution elle se meuve aussi vite que si elle n'avoit que 12 dents, et dans d'autres parties elle se meuve aussi lentement que si elle en avoit 48,

1° On formera le parallélogramme rectangle L M N O (pl. VIII, fig. 2), dont le côté N O sera égal au demi-diamètre de la roue et du pignon pris ensemble, et la largeur L N égale à leur épaisseur, qui doit être d'autant plus grande que l'inégalité du mouvement sera plus considérable.

On coupera N O en Q, de manière que Q O soit à Q N comme 6 : 48; c'est-à-dire réciproquement comme la vitesse du pignon est à la plus petite vitesse de la roue. On mènera ensuite P Q, et autant de parallèles S R à L M, qu'il y a de dents dans la roue, sur lesquelles on marquera les degrés de vitesse qu'elles expriment, et qui sont en raison renversées de leurs longueurs.

2° On fera sur le tour deux cônes tronqués, l'un égal à celui qui se forme de la révolution du trapèze L P Q N autour de son axe L N, et l'autre égal à celui qui est formé par la révolution du trapèze P Q M O autour de l'axe M O.

On marquera sur le plus grand de ces cônes, qui doit servir à former la roue, les cercles engendrés par la révolution des points P, T, Q, et on les marquera des mêmes chiffres que les parallèles correspondantes des parallélogrammes L O.

On marquera sur les deux bases du cône des lignes qui fassent autour du centre des angles en même raison que les différentes vitesses de la roue, et on taillera, suivant ces lignes, des dents sur la surface du cône; après quoi on cherchera sur les cercles qui expriment les différentes vitesses, et que l'on a tracés sur la même surface, la partie de chaque dent qui doit rester, et doit être vis-à-vis le rayon correspondant sur l'une des deux bases. On emportera tout le reste, ne laissant que ce qui sera marqué et qui formera une espèce d'ellipse. A l'égard du pignon, on le fera régulièrement conique, comme il est marqué en M O.

Par ce moyen, les dents les plus larges se trouveront toujours vers la partie la plus large du pignon, et les plus étroites dans la partie la plus étroite; et ainsi, le pignon marchant toujours avec la même vitesse, la roue tournera inégalement dans la raison demandée.

Quand j'aurois connu cette démonstration en 1766, lorsque je construisis cette machine, je n'étois pas alors en état de calculer les arcs journaliers du mouvement du soleil réduits à l'équateur, pour tracer sur la base du cône des angles correspondants à l'inégalité de ces arcs. Voici l'artifice que j'employai pour me procurer cette division sans calcul et sans compas.

Certain, par le succès de ma première machine, que la roue placée sous un angle de 23° 28' avec une excentricité double de celle du soleil (à cause du mouvement uniforme de cette roue) donnoit l'équation du temps avec toute l'exactitude des tables, je préparai une roue du plus grand diamètre que pût le comporter la plate-forme dont on se servoit chez mon père; je taillai les dents de cette roue sur le nombre convenable au rouage que j'avois calculé pour produire une révolution de 365 jours 5 heures 49' 16", durée de l'année employée dans le calendrier grégorien, et que je croyois alors la plus exacte. Ma roue avoit 365 dents, multiple de 73, l'un des facteurs du solide des roues, comme on le verra ci-après.

Lorsque les dents de cette roue furent formées, avec une fraise qui laissoit beaucoup plus de vide que de plein, j'employai toutes les ressources que l'imagination put me suggérer pour la fixer exactement sur le tasseau de la plate-forme, sous un angle de 23° 28' avec une excentricité de 3375 parties du rayon divisé en 10000o parties. Ensuite je fixai verticalement une coulisse dirigée au centre de l'arbre, cette coulisse portoit une règle d'acier bien calibrée et d'une épaisseur propre à remplir le vide des dents vers le sommet de l'angle d'inclinaison; cette règle, comme on le voit, faisoit sur la roue les fonctions d'alidade, et l'alidade de la plate-forme me servit à marquer à sa circonférence tous les points de la division de la roue, que l'on peut considérer comme la projection du mouvement du soleil sur l'équateur. La division faite, je désignai sur la plate-forme les points qui répondoient aux deux équinoxes, et celui du solstice d'été, pour ne pas confondre un équinoxe avec un autre dans l'emploi de la roue, ce qui causeroit une grande erreur; car l'excentricité ayant lieu sur la ligne des apsides A B, et non sur celle des solstices S (pl. VIII, fig. 2), on conçoit qu'il en résulte une anticipation du côté de l'équinoxe d'automne, égale au sinus du petit arc compris entre la ligne des apsides a et celle des solstices s. Il faut donc apporter la plus grande attention à ne pas renverser la roue lorsque les points équinoxiaux y sont tracés; il y auroit encore un plus grand inconvénient à prendre un solstice pour un autre.

Après avoir formé la division convenable pour représenter l'inégalité du soleil, de la manière que je viens de l'exposer, je préparai la roue A d'une épaisseur d'environ 5 millimètres, que je crus suffisante pour renfermer les limites de sa variation de vitesse. Je la fendis, à la manière accoutumée, sur la division préparée à cet effet; ensuite j'en limai les bords avec précaution, pour amener la partie de chaque dent vers le rayon correspondant du pignon; au bout de l'opération, qui fut longue et difficile (c'est un grand défaut que la difficulté d'exécution), les flancs de cette roue eurent une figure ondoyante irrégulière, que je n'ai pu représenter ici.

Les deux platines $a\ b\ c\ d$, assemblées par 4 piliers, forment la cage qui renferme les roues destinées à produire la période astronomique de 365 jours

(32)

5 heures 49′ 16″. Cette période a pour unité de vitesse la révolution sidérale de la terre sur son axe. Le solide des roues est à celui de leurs pignons comme 344268 : 940.

La roue B est montée sur un canon qui tourne librement sur celui qui est fixé à la platine $c\ d$, par une base circulaire $n\ n$. Cette roue porte le cadran M du temps moyen ; la roue A est montée sur un troisième canon qui roule intérieurement dans celui de la platine, et porte à l'extérieur le cadran V du temps vrai. Ces deux cadrans tournent avec la vitesse d'une année moyenne, dans l'intérieur d'un troisième cadran qui est fixé à la platine $c\ d$ par une fausse platine qui n'est point ici représentée pour simplifier la figure ; ce troisième cercle immobile est divisé en 360 degrés, et représente l'équateur céleste. L'axe de la terre T passe dans l'intérieur du canon de la roue A, il y tourne librement avec la vitesse que nous avons dit. Cet axe porte extérieurement le petit globe terrestre t et son méridien m et intérieurement le pignon 47 ou roue primitive de la révolution annuelle des cadrans.

Solide des pignons = 940 = 4 × 5 × 47.
Solide des roues = 344268 = 36 × 73 × 131.

L'unité de vitesse de ce rouage étant la durée du jour sidéral, il faut 366 révolutions de la terre pour 365 jours solaires, et nous allons prouver l'exactitude de la période que nous avons voulu représenter, la durée de l'année employée dans le calendrier grégorien.

Ayant divisé le solide des roues par celui des pignons, le quotient est 366 avec la fraction $\frac{228}{47}$ qui, ne pouvant être divisée par le solide des pignons, ne peut par conséquent contenir qu'une partie de la durée de sa révolution. Pour en connoître la valeur, il faut multiplier 228 par 24, nombre des heures du cadran pour lequel ce mouvement est calculé. Le produit de la multiplication est 5472 qu'il faut diviser par le solide des pignons et le quotient est $\frac{5}{47}$ pour les cinq heures, et il reste $\frac{272}{940}$ qui ne peuvent être divisés par 940, et qu'il faut multiplier par 60 pour avoir les minutes ; le produit est 46320 qui étant divisé par 940, le quotient est 49′ ; reste $\frac{260}{940}$ que l'on multiplie par 60 pour avoir les secondes, le produit est 15600 qui, divisé par 940, donne au quotient 16″, reste $\frac{560}{940}$ que l'on multiplie encore par 60.

La révolution sera donc de 565 jours 5 heures 49' 16"=366 révolutions périodiques de la terre, etc.[1]

Nous serions arrivé plus promptement à ce résultat par des procédés qui ne sont pas assez généralement connus, même des plus habiles ouvriers; nous n'avions qu'à prendre dans les tables le logarithme du solide des roues, en soustraire le logarithme du solide des pignons (on sait que la soustraction équivaut à une division), et le reste nous eût donné le logarithme du quotient.

Ou, sachant que le solide des roues contient 366 fois celui des pignons avec un reste 228, nous eussions fait cette proportion :

Solide des pignons, 940 : 86400" :: 228 : x.

	2.3579348	Log. de 228.
	4.9365137	Log. de 86400".
Addit.	7.2944485	Produit des deux log.
	2.9731279	Log. de 940 à soustraire.
Reste	4.3213206	Log. de 20956" = 5ʰ 49' 16"

Cette opération est bien plus expéditive, et jamais on n'a assez de temps lorsqu'on aime à l'employer utilement. Combien j'en ai perdu avec les calculs purement arithmétiques! Quel instrument précieux Neper[2] a mis dans les mains des calculateurs! Ah! si Kepler avoit eu cette ressource, auroit-il passé cinq ans à établir la théorie de Mars? Un seul exemple de ses calculs rempliroit-il dix pages *in-folio?*

Pour employer le rouage précédent, j'avois multiplié la roue 73 par 5, et la roue 36 par trois; j'avois employé les mêmes multiplicateurs pour les deux premiers pignons, afin que les rapports des solides restassent les mêmes.

Pignons, 15. 20. 47.
Roues, 108.131.365.

Ainsi l'axe de la terre porte le pignon 47 qui donne le mouvement à la

---

[1] Cela n'est pas exact; c'est 49' 16", temps moyen que renferme l'année du calendrier grégorien, il faut 366ʲ 5ʰ 49' 57" ⅓, temps sidéral, pour 365ʲ 5ʰ 49' 16", temps moyen.

[2] Baron écossais, inventeur des logarithmes qu'il publia pour la première fois en 1614.

roue 108, celle-ci porte le pignon de 20 qui méne la roue 131, et son pignon 15 méne la roue 365.

On remarquera que ce rouage n'étant composé que de trois mobiles, la dernière roue tourne en sens contraire de la première; mais elle doit tourner dans le même sens, parceque autrement le soleil S, placé sur le point midi du cadran V, viendroit au-devant du méridien m qui doit au contraire ne plus le retrouver au même point de l'équateur d'où ils sont partis ensemble, puisque, pendant la révolution du méridien, le soleil s'est avancé de $59'\ 8''$ de degrés. Il faut donc placer une roue de renvoi entre le pignon 47 et la roue 108, afin de donner à la dernière roue un mouvement dirigé dans le même sens que celui de la première. Le nombre de dents à donner à cette roue de renvoi est arbitraire, il suffit que ces dents soient dans un rapport convenable pour former un bon engrenage; car, quel que soit ce nombre, il ne passera toujours que 47 dents à chacune des révolutions du pignon.

Il nous reste à expliquer les moyens employés pour faire sonner le temps vrai, fonction pour laquelle cette machine avoit été spécialement construite.

La roue A, dont le mouvement a toutes les inégalités du soleil, porte une roue C faite en couronne, et dont les 24 dents sont coupées parallèlement à l'axe, et arrondies d'un côté, telles que la figure les présente.

L'axe de la terre porte une platine circulaire e sur laquelle est placé, parallèlement à son plan, un axe f mobile sur deux pivots, l'un vers le bord extérieur de la platine, l'autre vers son centre. Cet axe porte deux leviers ouverts à angle droit comme les palettes de la verge de balancier d'une montre à roue de rencontre. Cet assemblage tournant, comme il est aisé de le voir, avec l'axe de la révolution diurne de la terre, le levier supérieur, ou le plus éloigné du centre, rencontrera successivement les 24 dents de la roue C; ce levier, écarté par l'action d'une dent, forcera le levier qui est près du centre à déplacer la détente D dont la branche opposée E marchera de E vers G, et lorsque la dent échappera ce levier le ressort r repoussera la détente de la sonnerie, qui frappera les heures solaires vraies, puisque les 24 dents de la roue correspondent aux 24 heures vraies. Si l'on veut que la machine sonne les demies, on fendra la roue C sur le nombre 48.

Il ne m'étoit pas venu dans la pensée que le rouage employé dans la sphère mouvante, pag. 15, pour communiquer le mouvement à l'axe de la terre, pût causer une erreur dans les révolutions du soleil et de la lune, puisque l'accélération donnée par ce rouage étoit publiée dans les *Éphémérides*. Ce n'étoit donc pas pour éviter cette erreur que je fis conduire directement l'axe de la terre par l'horloge; mais je voulois que cette machine indiquât les minutes, et voici comment je raisonnois alors : Puisque la révolution du cadran de 24 heures sur l'équateur, dans l'espace d'une année, renferme toutes les accélérations successives de l'année, si je faisois conduire par ce cadran un cercle de minutes qui fît autant de tours dans l'année qu'il y a d'heures au cercle horaire, je parviendrois nécessairement à mon but. Et en effet, puisque les révolutions entières du méridien ne renferment pas les 24 heures du jour, de même la révolution de l'aiguille des minutes ne peut renfermer 60′ ou une heure; il doit lui rester un arc à parcourir, après chaque révolution, pour la terminer, comme il en reste un au méridien pour finir le jour; il faut donc que le cercle des minutes soit mobile.

Par une seule révolution du cadran de 24 heures, on a tous les arcs journaliers de l'année astronomique. Pour que la vitesse du cadran des minutes soit proportionnelle à celle du cadran des heures, la révolution ne renfermant qu'une heure, il doit en faire pendant l'année autant qu'il y a d'heures sur le cadran, parceque le mouvement du soleil de 15 degrés de l'équateur est celui d'heure en heure sur le cadran de 24 heures; et pour avoir les 24 heures entières, il faut avoir le mouvement de 24 fois 15 degrés, c'est-à-dire le cercle entier ou le tour du cadran. Cela me paroissant démontré, je plaçai le mouvement de l'horloge à ressort destiné à conduire cette machine au-dessus de la cage *ac*, et je disposai un rouage composé de deux roues et deux pignons pour faire faire au cercle de minutes 24 tours, pendant que la roue B (motrice de ce rouage) en faisoit un. Par cet arrangement, on conçoit que l'aiguille des minutes avoit un mouvement accéléré de 9″ 49‴ à chaque révolution. Avec un axe vertical descendant derrière la platine *ad*, et par la communication de la roue de renvoi des minutes, je fis faire un tour à l'axe de la terre pendant que l'aiguille des minutes en faisoit 24. Cette machine alloit fort bien, mais jamais je n'ai été tenté d'en exécuter une seconde.

ARTICLE II.

Explication de la figure 4, planche IX.

Cette figure représente l'arrangement des roues destinées à produire, avec différents degrés de vitesse, quatre révolutions concentriques à un cadran de 24 heures, comme dans la figure de la pl. XI. Elle est divisée en trois corps. Dans le premier sont les roues placées au centre du cadran, et tournant sur leurs canons.

S S, dans le premier corps, sont deux roues fixées au même canon, et tournant avec la vitesse de 24 heures. L'une met en mouvement la roue Z du second corps, à laquelle est jointe une autre roue Z qui fait mouvoir la roue Z du troisième corps, sur laquelle est montée une quatrième roue Z qui conduit la roue Z du premier corps au centre du cadran, et qui a la vitesse journalière moyenne de l'équateur.

La seconde roue S du premier corps met en mouvement la roue L du deuxième corps, à laquelle est jointe une seconde roue L qui fait mouvoir la roue L du troisième corps; celle-ci porte une quatrième roue L qui donne le mouvement à la roue L du premier corps, et celle-ci tourne avec la vitesse journalière de la lune.

La roue Z du premier corps, à laquelle est jointe la roue N, fait mouvoir, par celle-ci, la roue N du deuxième corps à laquelle est fixée une seconde roue N, qui conduit la roue N du troisième corps, qui donne le mouvement à une cinquième roue N du premier corps, et qui tourne avec la vitesse des nœuds de la lune.

Ce système de roues représente donc quatre révolutions : la première et la plus éloignée du centre dans l'intérieur du cadran de 24 heures est la révolution journalière de l'équateur; la seconde est celle des nœuds de la lune; la troisième celle du soleil dont l'aiguille indique les heures et les degrés; la quatrième enfin est celle de la lune. Nous en compterons une cinquième qui est celle de l'aiguille des minutes qui seront divisées à la circonférence du cercle horaire.

Ces révolutions s'accomplissent chaque jour; mais chaque jour la lune s'éloigne du soleil, et le soleil du nœud de la lune de la quantité qui doit produire le mois synodique, les phases et les éclipses, etc. Toutes devant avoir lieu dans le même sens que l'aiguille solaire, c'est-à-dire marcher d'orient en occident, seulement avec différents degrés de vitesse, il faut une roue de renvoi pour changer la direction du mouvement, puisqu'elles sont composées de 3 roues motrices et de 3 roues menées.

Je suis encore dans la persuasion que cette cadrature fut secrètement exécutée par mon père pour se rendre compte de l'effet des rouages, qu'il ne pouvoit vérifier par le calcul, et dont il eût craint de me demander la démonstration, de peur que l'autorité de son exemple ne m'enhardît dans une carrière qu'il me voyoit peut-être suivre avec peine.

Né aux champs, privé de tout moyen d'instruction, ce bon père dut à la nature seule les premières leçons de l'art qu'il exerçoit : ses progrès, il ne les dut qu'à lui-même. Il étoit doué d'une telle rectitude de jugement, qu'il me disoit quelquefois, avec l'accent de la conviction : « Tes calculs sont très justes, mon enfant, ta patience m'étonne encore plus que ton adresse; mais je voudrois bien pouvoir te persuader qu'un almanach de quatre sous est plus commode pour connoître l'âge de la lune, le lieu du soleil, le jour et l'heure où arrivent les éclipses. » Que n'ai-je écouté cet avis paternel!

ARTICLE III.

Exposition du calcul des roues, fig. 4, pl. IX.

On sait que l'aiguille horaire qui porte le soleil fait un tour de cadran en un jour moyen; il s'agit, en partant de cette unité de vitesse, d'en trouver une plus accélérée, et qui ait devancé d'une révolution entière dans une année astronomique.

J'avois pris, comme on l'a vu (p. 15), pour solide des roues du soleil 91676, et pour solide de l'équateur ou du jour sidéral 91425, dont la différence produit une accélération de 3′ 56″ 33‴ 17ⁱᵛ, ce qui seroit bien si elle étoit comptée en temps sidéral; mais comme le diviseur est le solide du jour moyen, elle est exprimée en temps moyen, et par conséquent trop grande. Les solides suivants sont plus exacts :

Solide du temps moyen, 134045 = 19 × 83 × 85
Solide de l'équateur, 133679 = 13 × 91 × 113   accélér. 3′ 55″ 54‴ 31ⁱᵛ.

Les artistes instruits remarqueront sans doute que, pour employer ce rouage, il faudroit au moins quadrupler les nombres 19 et 13, et l'on auroit 76 pour la première roue du jour moyen, et 52 pour la première du mouvement de l'équateur, que nous pourrions également appeler *zodiaque*, puisque nous y distribuons les signes, comme on le voit pl. XI.

La révolution de la lune est tirée de celle du soleil; mais au lieu d'être accélérée comme celle de l'équateur dans le rouage précédent, elle doit être retardée de 50′ 28″, c'est-à-dire que le passage moyen de la lune au méridien doit avoir lieu 50′ 28″ après celui du soleil, comme on le voit, pages 10 et 11, et ce retard se trouve dans les solides suivants :

Solide des roues du soleil, 68930 = 10 × 61 × 113
Solide des roues de la lune, 71346 = 23 × 47 × 66   diff. 50′ 28″ 19‴.

Cette différence répond à un mois synodique de 29 jours 12 heures 44 6″ $\frac{864}{2416}$, plus exact que ceux que nous avons donnés (p. 11). Pour l'emploi de ce rouage, il faut également multiplier les premières roues, 10 et 23, par un facteur commun.

Lorsqu'une révolution en renferme plusieurs de celles du soleil sur l'équateur (ou le zodiaque), ce mouvement doit être tiré de celui de l'équateur. Alors on réduit en jours la durée de la révolution que l'on veut représenter, on ajoute ensuite au produit autant d'unités ou de jours qu'il y a d'années comprises dans cette révolution.

Les nœuds de la lune font le tour du ciel en 18 ans 224 jours environ, égal à 6798 jours 12 heures; mais comme l'équateur qui leur donne le mouvement fait par année 366 révol. ¹/₄ environ pour 365 jours, il faut ajouter à ce solide 6798 autant d'unités qu'il y a d'années dans la révolution des nœuds; savoir 18, et on a le solide 6816 jours 12 heures; et pour trouver ce qu'il faut encore pour les 224 jours, on dira : Si 365 jours $^1/_4$ donnent une révolution ou 24 heures, combien en doivent donner 224 jours ? on trouve 15 heures, qui étant ajoutées aux 12 ci-dessus, font un jour 3 heures qu'il faut joindre au solide 6816, et on aura pour solide complet 6817 jours 3 heures. On peut retrancher ici les 3 heures, parcequ'on a ajouté dans le premier solide 6798 4 jours 12 heures, pour les 5 heures 49′ 16″ qui restent chaque année après les 365 jours qui, dans dix-huit ans, font seulement 4 jours 9 heures.

Le solide de l'équateur étant 6817, il faut examiner quel doit être celui des nœuds. On sait que le mouvement des nœuds est rétrograde; il doit par conséquent précéder celui de l'équateur, son solide doit être moindre que celui de ce dernier, seulement d'une unité, parceque chaque unité de ces deux solides renferme une révolution de l'équateur.

Solide de l'équateur, $6817 = 47 \times 145$
Solide des nœuds, $6816 = 48 \times 142$ accélération $12'' \, 40'''$.

L'unité étant la différence journalière entre les deux solides, on voit que le mouvement des nœuds ne peut anticiper d'une révolution sur celui de l'équateur qu'il n'ait parcouru, de jour à autre, toutes les unités du solide de l'équateur; et chaque unité renfermant une révolution, les nœuds ne peuvent parcourir le cercle entier avant les 6817 révolutions égales à 18 ans 224 jours, etc.

Prouvons d'une autre manière que les deux solides 6817 et 6816 donnent véritablement la différence de vitesse entre un point quelconque de l'équateur et le nœud de la lune. Nous disons que ce nœud devance l'équateur de $12''\,40'''$ par jour; cependant il n'y a qu'une unité de différence; elle renferme donc $12''\,40'''$. En voici la preuve : multiplions cette unité par 24, nombre d'heures que renferme la révolution diurne du solide de l'équateur 6817, nous aurons au produit 24; $24 \times 60 = 1440$; $1440 \times 60 = 86400$. Voilà le premier multiple divisible par le solide 6817, et il exprime le nombre de secondes compris dans les 24 heures. La division donne pour quotient $12'' \frac{4596}{6817}$; $4596 \times 60 = 275760$; divisant ce nombre par le solide 6817, le quotient est $40''' \frac{3080}{6817}$; $3080 \times 60 = 184800$, dont la division donne pour quotient $27^{IV} \frac{241}{6817}$. Voilà rigoureusement ce que doivent exécuter les quatre roues $145 \times 47 = 6817$, et $142 \times 48 = 6816$; mais il ne faut pas que l'on fasse conduire la roue 145 par la roue 47, ni celle-ci par la première [1].

Si je m'étois adressé à mon ami Wagner, j'aurois simplement écrit :

$$4.9365137 \quad \text{Log. de 24 heures.}$$
$$3.8335933 \quad \text{Log. de 6817.}$$
$$\text{Reste } \overline{1.1029204} \quad \text{Log. de } 12'', 6742.$$

Et nous aurions trouvé au bout de trois petites lignes 12 secondes 6742 dix millièmes.

Je n'avois pas tout-à-fait raisonné de la sorte dans l'origine. Voici mon premier calcul :

$$\begin{array}{l} \text{Solide de l'équateur,} \quad 27269 = 11 \times 37 \times 67 \\ \text{Solide des nœuds,} \quad 27265 = 19 \times 35 \times 41 \end{array} \text{ accélér. } 12'' \, 40''' \, \tfrac{1160}{27269}$$

Cette révolution est plus longue de six heures.

Il nous reste à expliquer comment les phases de la lune sont représentées. L'axe qui porte l'aiguille des minutes (pl. IX, fig. 4, premier corps de rouages) passe dans le canon de la roue L; cet axe est fixé au pignon m, qui conduit la roue de renvoi n, dont le pignon p mène la roue S du mouvement journalier du soleil. Le canon de cette roue est taillé à son extrémité (fig. 2.) comme une roue de champ, pour former engrenage avec la petite roue fixée à l'axe du globe lunaire. Cette méthode donne directement les phases, tandis qu'on est obligé d'employer une roue de renvoi lorsqu'on place l'aiguille de la lune au-dessous de celle du soleil. La fig. 3 présente le globe de la lune séparé de son aiguille avec une roue de champ qui seroit préférable à une roue plate, pour conserver l'uniformité de l'engrenage avec le canon de la roue S. Il est aisé de voir que l'aiguille de la lune est trop éloignée de celle du soleil; que celle-ci peut être coudée pour le passage du globe, et l'engrenage du centre entièrement masqué; mais cet écartement est nécessaire ici pour montrer les effets.

---

[1] F. Berthoud, dans son *Histoire de la mesure du temps*, tome II, chap. 6, pag. 237, a fait engrener les facteurs d'un même solide les uns dans les autres, et cette faute, commise sans doute par inadvertance, m'a attiré plus d'un reproche; mais suis-je coupable de déception parcequ'on auroit dénaturé une simple opération d'arithmétique, ou qu'on ne sauroit pas faire une règle de trois?

Cette construction peut s'adapter à toutes les pendules sans autre augmentation de travail que la roue L et les deux motrices 1 et 2 ; car $m\ n\ p\ s$ présentent la cadrature ordinaire d'heures et minutes, avec cette seule différence que la roue S n'achève sa révolution qu'en 24 heures au lieu de douze.

Prenons pour exemple le premier rouage (page 11): on donnera au pignon m, porté par *la chaussée*, 43 dents; à la roue de renvoi n 84; à son pignon p 7; à la roue du soleil S 86, et à la roue de la lune L 93; les deux petites roues 1 et 2 auront l'une 67 et l'autre 70 dents.

Si l'on choisit le deuxième rouage, on aura $m = 29$; $n = 72$; $p = 12$; $S = 116$; $L = 125$; 1 et 2 $= 73$ et 76. Avec le troisième rouage, on aura $m = 72$; $n = 108$; $p = 11$; $S = 176$; $L = 169$; 1 et 2 $= 83$ et 77. L'on voit clairement qu'il n'y a de surcroît de travail pour obtenir cette révolution que les roues de renvoi 1 et 2 avec la roue de la lune L.

Enfin, si nous prenons les deux roues 124 et 143 (page 10, lig. 1 et 2), et que nous les réduisions à moitié, nous aurons $m = 31$; $p = 6$; $S = 62$; $L = 71$; 1 et 2 $= 47$ et 52. Ces nombres ne surpassent pas ceux que l'on emploie ordinairement dans les cadratures les plus simples.

C'est toujours un nouveau sujet d'étonnement pour moi de voir que toutes les pendules à phases de lune donnent une erreur de trois quarts d'heure par mois, tandis que si messieurs les horlogers voulaient s'en donner la peine, ils obtiendraient une approximation de cinq à six secondes avec deux roues et deux pignons.

Exemples avec une unité de vitesse de vingt-quatre heures.

$$\frac{P.\quad 13.\ 59}{R.\quad 150.151} = 29^j\ 12^h\ 44'\ 7''\ 11'''.$$

$$\frac{P.\quad 11.\ 43}{R.\quad 97.144} = 29^j\ 12^h\ 44'\ 8''\ 32'''.$$

$$\frac{P.\quad 15.\ 25}{R.\quad 98.113} = 29^j\ 12^h\ 44'\ 9''\ 36'''.$$

TROISIÈME PARTIE.

ARTICLE PREMIER.

Description d'une horloge à secondes et à poids, qui fut admise à l'exposition de 1823.

Cette horloge représente la révolution annuelle du soleil, la révolution périodique de la lune, celle de ses nœuds, ses phases, les éclipses de soleil et de lune.

Le cadran est composé de quatre parties, dont la première qui porte la division des heures et leurs subdivisions, est fixée à la *platine-cadran* A B (pl. XI); la seconde est divisée en 360 degrés, distribués en douze signes de droite à gauche, en sens contraire de la division du cercle des heures; cette partie tourne librement dans la première; la troisième partie qui indique les nœuds de la lune est ajustée, et tourne de la même manière dans l'intérieur de la seconde; ces trois pièces forment une seule surface plate avec la quatrième qui est fixée sur l'aiguille de la lune L, et tourne avec elle; c'est sur cette quatrième partie que les jours de la lune sont indiqués par l'aiguille solaire.[1]

Le milieu du cadran des nœuds est creusé en forme de goutte de suif renversée, afin que l'aiguille de la lune puisse circuler dans ce champ enfoncé, en laissant la facilité d'approcher l'aiguille du soleil contre la surface des cadrans réunis.

---

[1] La pendule admise à l'exposition, sur les dimensions de laquelle ces planches ont été gravées, porte au centre des cadrans inférieurs une petite carte géographique présentant l'hémisphère austral du globe terrestre. Cette cinquième pièce est en émail précieusement exécutée, ainsi que les autres parties, par M. Dubuisson, le plus habile émailleur de notre époque. Les cadrans en émail, quelle que soit la perfection de leur travail, conviennent peu à ces sortes de machines, parcequ'on ne peut pas les ajuster et les faire circuler l'un dans l'autre avec la même exactitude que les cadrans de métal. Cette horloge appartient à M. Chevassut, l'un des propriétaires du Constitutionnel.

L'aiguille du soleil tourne avec la vitesse du jour moyen $= 86400''$. Cette aiguille porte deux ouvertures circulaires, l'une pratiquée au centre de l'image du soleil, l'autre dans la partie diamétralement opposée, mais plus près du centre de l'aiguille. Ces ouvertures doivent être formées en bizeau avec une large fraise. Lorsque les parties colorées, correspondantes aux nœuds de la lune, se rencontreront sous ces disques ouverts, dans les syzygies, elles indiqueront les éclipses et leur étendue.

L'aiguille de la lune, placée immédiatement au-dessous de la première, tourne avec la vitesse de $347° 48' 34''$ en 24 heures, et retarde son passage au méridien de $50' 28'' 20''' 10^{IV} \frac{5230}{6077}$; ce qui répond à un mois synodique de 29 jours 12 heures $43' 56'' 37''' \frac{39}{213}$.

Le rouage qui donne le mouvement à cette aiguille est celui qui est placé au quatrième rang (pag. 11), et qui marche avec une différence $= 213$; ainsi l'on a la proportion suivante :

Solide du soleil, $6077 : 86400'' :: 213 : x.$

$$\begin{array}{r} 2.3263796 \\ 4.9365137 \end{array} \text{Log. des termes moyens.}$$

Addit. $\overline{7.2648933}$

3.7836892 Log. du premier terme.

Reste $\overline{3.4812041} = 3028'', 334 = 50' 28''$ etc.

Le cercle des signes tourne avec la vitesse de $360° 59' 8''$ en 24 heures. Le rouage qui lui donne le mouvement marche avec une différence $= 22$, et l'on a cette proportion :

Solide du soleil, $8036 : 360° :: 22 : x.$

$$\begin{array}{r} 1.3424225 \\ 6.1126050 \end{array} \text{Log. des termes moyens.}$$

Addit. $\overline{7.4550276}$

3.9050399 Log. du premier terme.

Reste. $\overline{3.5499877} = 3548'', 33 = 59' 8'', 3.$

Le cercle des nœuds de la lune tourne avec la vitesse de $361° 2' 28''$, son rouage marche avec la différence 16, et l'on a cette proportion :

Solide du soleil, $5562 : 360° :: 16 : x$.

$$\begin{array}{r} 1.2041199 \\ 6.1126050 \end{array} \text{ Log. des termes moyens.}$$

Addit. $\overline{7.3167249}$

        3.7452310 Log. du premier terme.

Reste $\overline{3.5714939} = 3728'', 154$.

Ces rouages, comme on le voit, tournent ensemble tous les jours avec différents degrés de vitesse, et cette différence produit les révolutions propres. Le soleil parcourt le zodiaque d'occident en orient, en sens contraire de sa révolution journalière, parceque le zodiaque ayant plus de vitesse, le soleil semble le parcourir et le parcourt en effet d'occident en orient; et les nœuds vont contre l'ordre des signes parceque leur révolution diurne est plus rapide que celle du zodiaque, etc.; ce qui est le plus remarquable, c'est que toutes ces révolutions sont produites chacune avec deux seules roues et deux pignons, comme le sont les révolutions contemporaines des aiguilles de minutes et d'heures d'une montre ou d'une pendule; il y a même une motrice commune à la révolution périodique de la lune et à celle de ses nœuds.

Pour conserver à cette machine toute la régularité que l'on peut attendre d'une bonne horloge à secondes, exécutée avec soin, j'ai fait conduire le système des révolutions astronomiques par la roue qui porte le poids, au lieu de mettre ce rouage en communication directe avec la roue qui conduit l'aiguille des heures sur le cadran supérieur (pl. XI). Il résulte de cette disposition que l'aiguille solaire ne marche pas lorsqu'on touche aux aiguilles de la pendule pour la remettre à l'heure, et qu'il faut l'accorder ensuite séparément. Mais si la pendule avoit été arrêtée plusieurs jours de suite, même un mois, il suffiroit de faire faire à l'aiguille du soleil autant de tours de cadran qu'il se seroit écoulé de jours depuis qu'elle auroit cessé de marcher; alors la lune, les nœuds, les signes du zodiaque, tout se retrouveroit à sa vraie place; ce que l'on n'auroit pu obtenir que par 24 révolutions de l'aiguille des minutes pour chacun des jours écoulés.

La planche IX, fig. 1, présente le calibre de la cage et des roues motrices de toutes les fonctions que nous venons de décrire, avec le nombre des dents gravé sur chaque roue, et répété au profil (pl. X). C D E F est la cage qui renferme le rouage; chacune des platines de cette cage est fixée par de fortes vis à la platine correspondante de la cage du mouvement, comme on le voit sur l'une et l'autre planche.

Une roue a, montée sur l'axe qui porte l'aiguille solaire, tourne à frottement entre deux plateaux circulaires dont l'un fait la fonction de ressort; cet ajustement est indispensable pour mettre l'aiguille du soleil d'accord avec celle du cadran supérieur. Le même axe porte les deux roues 79 et 103; la première donne le mouvement à la roue 49 fixée sur l'axe de la roue 51 qui conduit la roue 82; c'est elle qui porte le cercle des signes.

La seconde roue 103 conduit d'un côté la roue 59 (pl. IX, lett. y), et celle-ci porte une roue de 54 qui donne le mouvement à la roue 94 sur laquelle est placé le cadran des nœuds de la lune. La même roue 103 conduit de l'autre côté (lett. z) la roue 74 fixée sur l'axe de celle de 59 qui conduit la roue 85; c'est elle qui porte l'aiguille de la lune. Les lettres y et z (pl. X, fig. 2) désignent les roues de communication qu'il étoit impossible de figurer au profil d'une manière intelligible. La fig. 3 présente l'aiguille lunaire en face; la fig. 4 fait voir le profil et développement de toutes les pièces qui entrent dans la construction de cette aiguille, et de plus le profil de l'aiguille solaire avec le pignon qui fait marcher les petites roues qui produisent les phases par la révolution du globe lunaire sur son axe; la fig. 5 offre une fraction de l'aiguille solaire, renversée pour voir le pignon en face.

ARTICLE II.

Description d'une nouvelle cadrature pour le mouvement périodique, synodique et journalier de la lune.

Afin d'éviter la trop grande élévation de l'aiguille lunaire l'on est obligé de faire le cadran concave pour y loger cette aiguille, et pour cette raison j'aurois préféré la construction décrite (pag. 6), si les phases pouvoient s'y marquer avec la même apparence que présente naturellement la lune dans le ciel; mais, indépendamment de l'impossibilité d'y parvenir, il est certain qu'il y a au moins autant d'ouvrage à cette aiguille qu'à celle qui porte un globe tournant sur lui-même.

La construction suivante, où l'on supprime l'aiguille, pourroit peut-être présenter quelque avantage. Voici de quelle manière je la conçois :

Le fond du cadran, ou plutôt de la platine-cadran (pl. XII, fig 1.), seroit coupé par la ligne *a b*, et la section recouverte par le bord intérieur du cadran rapporté sur la platine. Ce fond, vu en plan par le revers (fig. 2.), porteroit une retraite pour recevoir la partie saillante de la roue B (fig. 4.), dont le pivot supérieur rouleroit dans le pont *p*.

Un canon, destiné à placer cette partie sur le canon de la roue des heures, seroit attaché par une base circulaire avec trois vis; cette base seroit échancrée pour laisser tourner librement la roue B (fig. 4). Ce canon auroit de plus une retraite pour loger le pignon *n* de l'aiguille du soleil S, qui doit conduire la roue B, et faire quatre tours pour un de celle-ci, comme l'indiquent les quatre parties noires figurées sur le plan de cette roue, et qui doivent produire les phases dans l'ouverture circulaire pratiquée au fond tournant. (fig. 2.) On conçoit encore que ces parties obscures doivent être tellement disposées, que le blanc ne laisse que l'espace nécessaire pour inscrire un cercle semblable à celui qui circonscrit la partie noire; en sorte que cela forme comme huit cercles tracés sur la même circonférence, et qui seroient tous en contact. Les parties obscures seroient formées par des bouchons d'acier bleuis, rapportés à frottement, avec une portée entre la roue et l'anneau blanchi. Le cadran des jours de la lune seroit fixé sur le fond mobile, et une flèche gravée légèrement sur la ligne, passant par le centre du cadran et de l'ouverture qui présente le disque lunaire, figureroit la pointe de l'aiguille. Le profil du fond mobile, et le développement de ses pièces, ne laisse rien à desirer pour l'intelligence de ce mécanisme, qui peut être facilement exécuté par un artiste adroit [1].

---

[1] Je l'ai déja dit ailleurs, c'est aux soins affectueux de mon ami Leblanc que je dois la beauté de l'exécution et l'exactitude des figures; c'est à M. Wagner, autre phénomène dans la carrière des arts, intimement lié avec cet habile graveur, et dignes tous deux de la haute réputation qu'ils se sont acquise par un travail constamment dirigé vers l'utilité publique, que j'en dois les dernières retouches.

ARTICLE III.

Cadrature d'une pendule placée dans la chapelle de l'hôtel de ville de Besançon.

Cette ancienne machine, exécutée à Nuremberg depuis plus de trois siècles, fut donnée à la ville par le cardinal de Granvelle. Je la dessinai en 1768, durant mon séjour en cette cité.

Toutes les roues de cette cadrature, vue de profil (pl. VII, fig. 1.), sont en acier très doux, comme celles des autres pendules de cette espèce que j'ai eues à ma disposition depuis cette époque, et également fabriquées à Nuremberg. C'est par-tout le même système de rouage, avec des mobiles transportés sur une circonférence, système renouvelé par M. Pecqueur, qui n'en connoissoit vraisemblablement pas l'origine, qui en a fait des applications qui lui sont particulières, et dont la plus remarquable n'est pas encore justement appréciée.

Cette méthode, comme l'ont observé plusieurs savants distingués, ne simplifie pas le rouage, mais elle fournit un artifice de calcul certain pour arriver à la rigoureuse détermination d'une vitesse, quelle que soit la fraction qui l'exprime.

Une roue a, dont la révolution est d'une heure, porte l'aiguille des minutes; elle conduit la roue b, dont le pignon c mène la roue d, qui a la vitesse de 24 heures, et porte l'aiguille du soleil. Cette roue d engrène dans un un des pignons 1, 2, 3, fixés sur le même axe. Ce pignon 1 a 38 dents, et la roue 128. Cette roue, vue en plan (fig. 2.), porte deux roues (satellites) avec leurs pignons, montées entre deux ponts (fig. 3.); ou, plus souvent comme on le voit (fig. 4), ces roues ainsi emportées par un mouvement de translation avec la roue d reçoivent un mouvement de rotation de la roue e fixée à la roue f par un même canon qui tourne librement sur celui de la roue g. La roue e a 86 dents, celle f 127, et engrène dans le pignon 2 égal au pignon 1. La roue satellite et son pignon A ont, l'un 14 dents, et l'autre 6. Ce pignon 6 mène la roue h, qui a 106 dents et la vitesse de 366 révolutions dans une année. La seconde roue satellite, et son pignon B, a 15 dents et le pignon 8;

il mène la roue n, qui a 125 dents et la vitesse des nœuds de la lune. Le pignon 3, qui a 37 dents, conduit la roue g de 129 dents avec la vitesse de la lune.

M. Pecqueur, ayant calculé ce rouage par sa méthode, a trouvé que la roue g fait, en 29 j. 12 h. 43′ 22″ $\frac{34}{53}$, un tour de moins que la roue qui en fait un par jour; que la roue h en feroit un de plus en 365 jours 5 h. 57′ 12″ $\frac{34}{43}$, et que la roue n en feroit aussi un de plus en 342 j. 11 h. 28′ $\frac{26}{43}$: notre calcul est d'accord avec le sien.

Dans les anciennes horloges de Nuremberg, les heures du jour et de la nuit sont distinguées par le croisement de deux cercles horaires gradués en vingt-quatre parties; l'un, en argent, indique les heures du jour; l'autre, en acier bleui, indique celles de la nuit. Les lignes de séparation sont, à l'orient, celle du lever du soleil, et, à l'occident, celle de son coucher, marquées toutes deux par le point o heures de chacun des cadrans.

Lorsqu'on transporte ces horloges vers le nord ou vers l'équateur, on fait varier la longueur des jours et des nuits, relativement à la hauteur du pôle du lieu actuel, au moyen d'un curseur placé sur une des roues annuelles (il y en a ordinairement plusieurs), et gradué dans un certain rapport avec les sinus de latitude. Un artiste qui emploie la langue de Virgile et d'Horace au numérotage de ses bucoliques n'auroit peut-être pas été fâché de s'approprier cette méthode, tout en citant Thiout[1] qui n'en a pas dit un mot. Elle n'est pas plus *sa propriété* que la mienne, quoique je la connoisse depuis quarante ans; cette méthode appartient tout entière aux horlogers de Nuremberg, meilleurs calculateurs que lui et que moi, qui l'employoient habituellement il y a déja plus de trois siècles; ainsi *honneur à nos anciens maîtres! honneur aux savants de ces temps!* Si le moderne imitateur des modèles antiques avoit saisi le principe fondamental de celui qui nous occupe, il n'auroit pas manqué d'en faire part à son rapporteur[2] qui pouvoit

---

[1] En 1754, Passement en fit une application ingénieuse à une pendule, destinée au roi de Golconde par Dupleix, et qui est actuellement en réparation dans les ateliers de M. Wagner.

[2] On n'a pas besoin de chercher des ennemis, on rencontre toujours assez de gens d'une humeur difficile; mais je ne saurais taire une vérité importante : c'est que la Société d'encouragement fait quelquefois plus de mal que de bien, et je partage cette opinion avec l'un des hommes les plus distingués de l'académie des sciences. *Aquilæ clarius cernunt.*

lui apprendre à graduer l'échelle du curseur et développer ce principe dans la langue des sciences exactes qui lui est familière, quoiqu'il n'en soit pas toujours de même quand il est question d'horlogerie.

ARTICLE IV.

Du calcul des rouages. — Instruction de l'abbé T.

Les premiers soins de mon éducation furent un bienfait de l'abbé Tournier de Saint-Claude [1], qui, vers l'année 1743, voulut renouveler l'hypothèse des anciens, qui faisoient tourner le soleil dans un cercle dont la terre n'occupoit pas le centre.

Malgré l'inexactitude de l'idée fondamentale, c'est à ce système que j'ai dû le plaisir indicible d'exercer mon imagination sur les moyens mécaniques propres à représenter les révolutions des corps célestes. Toutes les pensées qui m'occupèrent le plus délicieusement jusqu'à l'âge de vingt ans n'eurent pas d'autre objet; et lorsque la puissance de l'instruction me força d'admettre le mouvement de la terre autour du soleil, lorsque je sentis l'avantage incontestable de la simplicité d'une hypothèse où tout s'explique, où tout est lié dans l'astronomie, je tournai plus d'une fois mes regards en arrière, et je conserve encore aujourd'hui une prédilection pour le planisphère que j'ai publié en 1812 dans l'ouvrage intitulé: *Des révolutions des corps célestes par le mécanisme des rouages* (page 35, pl. III). Il est peu de personnes en état d'apprécier le mérite de cette machine, réduite à une simplicité remarquable qui n'a point échappé au chevalier Delambre [2], et dont l'enchaînement des révolutions, leur décomposition mutuelle, rendoient la construction et les calculs très difficiles.

---

[1] Petite ville du Jura, située entre trois rochers stériles, à 46° 23′ 18″ de latitude nord, et 3° 31′ 51″ à l'orient de Paris.

[2] On ne peut s'empêcher de reconnoître dans les moyens employés par l'artiste une adresse et une sagacité qui promettoient tout ce qu'il a fait depuis pour le système véritable; on peut même regarder ce premier essai comme une composition destinée à représenter les mouvements apparents des planètes autour de la terre immobile; et dans ce sens elle ne méritera que des éloges. (Delambre, rapport fait à l'Institut de France le 19 juillet 1813.)

Les idées de l'abbé Tournier sur la figure de la terre et la variation de la pesanteur par les diverses latitudes étoient également insoutenables : mais n'a-t-on pas vu dans la capitale du peuple le plus éclairé de l'Europe, au foyer des lumières et de l'instruction, Bernardin de Saint-Pierre soutenir les mêmes erreurs sur le sphéroïde terrestre, et de plus grandes encore au sujet des marées?

Cum lacte mulieris succimus errorem [1].

J'avois à peine treize ans lorsque l'abbé Tournier m'enseigna les éléments du calcul des rouages et l'art de juger de leur effet, par une méthode qu'il n'avoit puisée dans aucun livre. Il s'est écoulé plus d'un demi-siècle depuis ces jours d'innocence et de tranquillité, et je m'en souviens comme d'hier. Doué par la nature d'une mémoire prodigieuse, en quittant cet homme extraordinaire j'écrivois ses leçons sur des feuilles à double colonne, pour les dégager ensuite de tout ce qui étoit étranger à leur objet; et, après soixante-trois années, je peux reproduire littéralement sa locution.

PREMIÈRE LEÇON.

« Écoute, mon ami, le principe sur lequel j'établis l'exactitude des rouages est *l'unité*, non point comme absolue en elle-même et sans aucun rapport, mais comme relative ; et alors elle augmente ou diminue en raison *inverse* [2] des nombres dont elle fait partie. Ce principe est incontestable, puisqu'on ne peut douter que l'unité du nombre 8 ne soit plus grande que l'unité du nombre 9, et moindre que celle de 7 : d'où l'on peut conclure que cette unité, augmentant ou diminuant en raison inverse du nombre dont elle fait

---

[1] M. Le François, horloger de la ville d'Eu, nous en a donné un exemple notable à l'exposition du Louvre. Avec un cercle d'environ six pouces de diamètre, d'une construction très vicieuse; il prétendoit mesurer les angles à une seconde près, tandis qu'un artiste célèbre en ce genre de travail, M. Gambey qui possède éminemment la science de son état, ne pouvait répondre que de deux secondes avec un cercle méridien de trois pieds de la plus parfaite exécution. Combien d'hommes ressemblent à M. Le François, et ne voient pas ce qu'ils regardent !

[2] Il se servait d'une expression *patoise* que l'on ne comprendrait pas, et j'ai par-tout substitué *inverse* qui signifie réellement ce qu'il voulait dire.

partie, peut devenir proportionnelle à un autre nombre, puisqu'on peut dire que l'unité du nombre 8 est égale à deux de 16, à trois de 24, à quatre de 32. Par la même raison l'unité de 32 est égale à la moitié de celle de 16, à un quart de celle de 8, et à un huitième de celle de 4 : d'où il s'ensuit qu'une égale addition ou soustraction à des nombres différents peut être plus ou moins grande, relativement à ces nombres. Or, l'unité de 8 étant plus grande relativement que celle de 9, on ne peut ajouter ou retrancher une unité à l'un et à l'autre sans plus ajouter ou retrancher au nombre 8 qu'au nombre 9.

« On peut augmenter un nombre en deux manières, ou par addition, ou par multiplcation, par celle-ci on ne peut l'augmenter moins du double, puisque deux est le moindre multiplicateur. Par l'addition on peut l'augmenter d'une ou de plusieurs unités ou nombres, ou bien partie par partie dont l'unité est la moindre; mais par le secours de l'addition, multiplication, et soustraction, on peut ajouter ou retrancher à un nombre telle quantité qu'on le desire.

« Cherchons, d'après ce principe, un rouage pour représenter la révolution annuelle du soleil en 365^j 5^h 49′ 16″ 23‴ $^1/_2$, comme elle est employée dans le calendrier grégorien.

« La durée de cette révolution peut se mesurer par les rotations synodiques moyennes de la terre sur son axe ou par ses rotations périodiques [1]. Prenons ces dernières pour motrices. L'opération consistera à trouver une roue qui ne fasse qu'une révolution pendant qu'une aiguille, qui représentera le méridien, en fera 366 $^1/_4$ environ, sur un cadran de 24 heures, mobile d'un mouvement égal à celui du soleil sur l'équateur [2], et pour faci-

---

[1] L'abbé T. nommoit révolution synodique la durée du jour solaire moyen, et révolution périodique le retour du méridien au même point du ciel. Jamais je ne lui entendis spécifier ces deux vitesses par temps moyen et temps sidéral.

[2] Cela est évidemment faux. C'est sur un cadran fixe que le méridien fait 366 tours pour 365 jours; il n'en fait que 365 sur le cadran mobile parceque chaque retour au point o^h renferme un jour solaire moyen. Dès que toutes ces idées furent rectifiées dans ma tête, j'eus bientôt conçu l'égalité des jours mesurés sur l'équateur, et l'inégalité des arcs de l'écliptique rapportés à ce cercle : de là l'équation du temps (page 19). Que l'on réfléchisse à la distance des temps et des lieux, et l'on ne sera plus étonné qu'un enfant prématuré comme Pascal, d'une aussi foible complexion, ait usé son cerveau à de semblables pensées, et qu'elles aient influé sur tout le reste de sa vie.

(52)

liter l'opération supposons cette aiguille tournant sur un cadran de 12 heures, au lieu de 366 $^1/_4$ elle en devra faire 732 $^1/_2$.

« Tout rouage est composé de deux solides, un pour les pignons (qui donnent ici le mouvement), et l'autre pour les roues. De quelque grandeur que soient ces solides, on doit toujours les regarder comme un seul pignon et une seule roue. Le premier solide, qui est celui des pignons, doit être contenu dans celui des roues autant de fois et de parties de fois que la révolution renferme de jours, heures, etc., pour rendre cet exemple plus sensible, supposons le mouvement du soleil de 365^j 6^h juste, ensuite nous le réduirons à sa véritable durée.

« Prenant pour solide des pignons le nombre 10, il n'y a qu'à chercher un nombre où 10 soit contenu autant de fois que l'aiguille du cadran de 12 heures fait de révolutions et parties de révolution durant celle du soleil, savoir 732 $^1/_2$.

« Pour avoir ce solide, multiplions 732 par 10, le produit est 7320, auquel il faut ajouter 5, moitié du solide des pignons, pour la partie de la révolution, et tout le solide des roues sera 7325. Alors on est certain que 10, solide des pignons, est à 7325, solide des roues, comme une révolution de l'aiguille est à 732 $^1/_2$ = 366^j 6^h.

« Cette révolution étant en excès de 10′ 44″, on conçoit que cet excès vient de ce que le solide des roues est trop grand par rapport à celui des pignons, ou que celui des pignons est contenu dans celui des roues plus que ne l'exige la durée de la révolution, ce qui donne l'excès de 10′ 44″.

« Pour agir avec méthode, il ne faut faire attention qu'aux 10 minutes environ qu'il faut retrancher des 6^h après 365^j, et pour cela il faut chercher un solide dont l'unité soit à ce nombre comme 11 minutes sont à 720′ que renferme la révolution du cadran de 12^h Nous trouverons ce solide en divisant 720 par 11, et l'on aura au quotient 65 $\frac{5}{11}$ qui fait voir, par cette fraction $\frac{5}{11}$, que l'unité du nombre 65 vaut plus de 11 relativement à celui de 720, et que l'unité de 66 vaut moins, puisque le quotient est 65 $\frac{5}{11}$, et par conséquent moindre que 66. Or comme la différence n'est pas d'une minute complète, on peut se servir du nombre 66 pour solide des pignons, et ensuite faire celui des roues en multipliant les 732 révolutions de l'aiguille du cadran de 12^h par 66. Le produit est 48312, auquel il faut ajouter

33, moitié du solide des pignons, pour la moitié de la révolution, valeur de 6 heures, et le solide sera 48345. On ne peut douter que le solide des pignons 66 ne soit contenu 732 fois $^1/_2$ dans 48345, solide des roues, duquel il faut retrancher une unité pour les 10' 44'', et l'on a pour les deux solides 66 et 48344.

« Comme le solide des roues a été fait par la multiplication de 732 par le solide des pignons, la preuve de la durée de la révolution se fait en divisant le solide des roues par celui des pignons, et l'on a au quotient 732 pour les révolutions du cadran de 12^h; il reste $\frac{32}{66}$ qui, ne pouvant être divisé par le solide des pignons, prouve que cette fraction ne renferme pas une révolution de l'aiguille du cadran. Multipliant cette fraction par les heures, c'est-à-dire 32 par 12, le produit est 384, qui étant divisé par 66, solide des pignons, le quotient est 5 pour les heures après la révolution complète, et il reste encore $\frac{54}{66}$ qu'il faut multiplier par 60 pour avoir les minutes, le produit est 3240, qui étant divisé par 66 le quotient est 49', et reste $\frac{6}{66}$ qui multiplié par 60 pour avoir les secondes, le produit est 360, et le quotient de la division 5'', il reste encore $\frac{30}{66}$ de seconde ou 27''', etc. La durée est donc de 732 révolutions de l'aiguille du cadran de 12^h, plus 5^h 49' 5'' 27'''.

« Ce mouvement est encore défectueux en deux manières : la première est que le solide des roues n'a pas de diviseurs propres à faire des roues, puisque son plus grand diviseur est 6043; la deuxième est qu'il est en défaut de 11 secondes qu'il faut y faire rentrer. Le défaut vient de ce que l'unité du nombre 66 vaut plus de 10' 44'', relativement à 720' = à la révolution du cadran de 12 heures. Pour le corriger il n'y a qu'à retrancher cette unité d'un nombre plus grand et prendre 67 au lieu de 66 pour le solide des pignons; mais comme 67 ne peut pas se diviser par moitié pour avoir les 6 heures, moitié de la révolution du cadran, il faut le doubler, et l'on a 134 pour le solide des pignons, par lequel on fait celui des roues en multipliant 732 par 134, et au produit 98088, ajoutant 67, moitié du solide des pignons, on a pour solide des roues 98155, dont il faut retrancher 2 pour les 10' 44'' qui sont en défaut sur les 6 heures après les 732 révolutions de l'aiguille, parceque 2 est à 134 comme 1 à 67. Divisant le solide des roues par celui des pignons, on a au quotient 732 révolutions plus. 5^h 49' 15'', etc.

« Le solide des roues n'ayant point de diviseurs, et de plus étant en défaut d'une seconde, il faut y remédier. Cette révolution reste en défaut, parceque l'unité du nombre 67 surpasse encore 10′ 44″; mais en retranchant cette unité d'un solide plus grand, de 68 par exemple, on ne retranche pas assez, parceque l'unité de 68 est moindre que 10′ 44″. Si l'on multiplie le solide des pignons par 5, et qu'on ajoute une unité au produit, on ajoute trop; si on le multiplie par 9 l'addition de l'unité ne suffit pas; alors le multiplicateur qui convient est entre 5 et 9, savoir 7. Multipliant donc 67 par 7, et ajoutant un au produit, on a 470, alors on peut dire que le nombre 7 est un peu moindre par rapport à 470 que un à l'égard de 67. Il est aussi évident que d'ajouter une unité au nombre 469 (produit net de 67 par 7), ce n'est ajouter que la 7ᵉ partie de cette unité au nombre 67.

« Ayant donc pour solide des pignons 470, il faut faire celui des roues comme dans les exemples précédents; mais il faut remarquer qu'après avoir ajouté au solide des roues la moitié du solide des pignons pour faire les 6 heures, il faut en retrancher 7 pour l'excès de 10′ 44″, parceque 7 est à 470, comme l'unité est à 67 $\frac{1}{7}$.

« Le solide étant fait par la multiplication de 732 par 470, le produit est 344040, auquel il faut ajouter 235, moitié du solide 470, et l'on a 344275, d'où retranchant 7 pour les 10′ 44″, reste pour solide des roues 344268 qui renferme des diviseurs, aussi bien que celui des pignons. »

On rétablira l'unité de vitesse de 24 heures en doublant le solide des pignons, et l'on aura :

Solide des pignons,   940 = 4 × 5 × 47
Solide des roues,   344268 = 36 × 73 × 131   = 366ʲ 5ʰ 49′ 16″ $\frac{560}{940}$.

On a vu de quelle manière le maître me faisoit opérer pour trouver cette *unité*, qu'il appeloit relative, renfermant la différence de 10′ 44″. Le nombre 65 est le premier qui s'est présenté par la division faite de 720 par 11 ; mais l'unité de 65 contenant plus que la différence, on a pris 67. Ne pouvant augmenter ce nombre de la quantité nécessaire, parcequ'on ne pouvoit y ajouter moins d'une unité, qui auroit trop augmenté ce solide, il a fallu recourir à la multiplication avant l'addition de cette unité. On a donc multiplié 67 par 7, puis ajouté un au produit pour corriger le défaut. Ayant ensuite fait le solide des roues par celui des pignons, l'on a retranché 7, parceque 7 : 470 :: 1 : 67 $^1/_7$.

Les révolutions des corps célestes ne se mesurant pas exactement par un nombre complet de révolutions de la terre sur son axe, il faut s'attacher uniquement à la fraction qui reste d'une révolution, comme on vient de le voir dans le mouvement du soleil, où l'on a retranché 10′ 40″ de la fraction de jour : il en seroit de même s'il falloit les ajouter.

SECONDE LEÇON.

« La lune fait le tour du ciel en 27^j· 7^h 43′ 7″ [1] du mouvement moyen, ce qui fait 27^j· 9^h· 30′ 50″ 2‴ 59^{iv} du mouvement périodique de la terre[2]. Pour calculer cette révolution il ne faut s'arrêter qu'aux 30′ 50″, et chercher un nombre dont l'unité renferme à-peu-près ces minutes et secondes, ou que cette unité soit à ce nombre comme 30′ 50″ sont à 1440′, que renferme le tour du cadran de 24 heures.

« Le nombre 47 est celui qui approche le plus près ; mais, comme il est en défaut de quelques secondes, il faut le multiplier par 91, et retrancher 29 du produit. Si l'unité du nombre 47 avoit été en excès de secondes, selon le principe il auroit fallu ajouter au produit au lieu d'en retrancher, parceque l'unité renferme plus ou moins, suivant qu'elle fait partie d'un nombre plus petit ou plus grand. Mais, comme cette unité de 47 est par défaut, il a fallu, pour le corriger, retrancher 29 du produit par la multiplication de 91 : il reste 4248 pour solide des pignons, par lequel on fait celui des roues en le multipliant par 27, nombre de révolutions périodiques de la terre sur son axe, et l'on a pour commencer le solide des roues 114696. Pour avoir les neuf heures on fait cette proportion, 24 : 4248 :: 9 : $x =$ 1593, qu'il faut ajouter à 114696 ; ce qui fait 116289. Ajoutant de plus le multiplicateur 91 pour les 30′ 50″, tout le solide sera 116380 ; divisant l'un et l'autre par deux, afin d'avoir de moindres facteurs, il reste pour les deux solides 2124 et 58190.

---

[1] Cette quantité n'est point exacte. La durée de la révolution périodique de la lune est de 27^j 7^h 43′ 4″,6795 : l'erreur du maître est donc de 2″ 19‴.

[2] Lecteur, ne perdez pas de vue que le maître entend la révolution diurne sidérale.

Solide des pignons, $\quad 2124 = 6 \times 6 \times 59$
Solide des roues, $\quad 58190 = 23 \times 23 \times 110$ $= 27^{j\cdot} 9^{h\cdot} 30' 50'' 50'''$ T. S.

Démonstration.

« Ayant divisé le solide des roues 58190 par celui des pignons 2124, le quotient est 27 ; et il reste 842, qui, ne pouvant être divisé par 2124, ne renferme pas une révolution. Multipliant 842 par 24, qui sont les heures d'une révolution entière, le produit est 20208, qui étant divisé par 2124, le quotient est 9 pour les heures qui sont après les 27 révolutions périodiques de la terre ; et il reste 1092, qu'il faut multiplier par 60 pour avoir les minutes : le produit est 65520, lequel divisé par 2124, le quotient est 30 pour les minutes qui restent après les 9 heures ; et l'on a encore pour reste 1800, dont la multiplication par 60 produit 108000, qui, divisé par 2124, donne pour quotient 50″, avec un reste de 1800, qui démontre que tous les quotients qui suivront seront de 50, sans en pouvoir trouver la fin, puisque le multiplicande, le multiplicateur, et le diviseur, seront constamment les mêmes.

« Cette révolution est en excès de 48‴, qu'il faut corriger dans les suivantes. Solide des pignons 23652, moitié de 47304. Ce dernier a été fait par la multiplication de 1013 par 47, en retranchant 307 du produit. Le solide des roues a été fait comme celui du rouage précédent.

Solide des pignons, $\quad 23652 = 18 \times 18 \times 73$
Solide des roues, $\quad 647980 = 20 \times 179 \times 181$ $= 27^{j\cdot} 9^{h\cdot} 30' 50'' 13''' \frac{21108}{23652}$ T. S.

« Solide des pignons 10038, qui a été fait par la multiplication de 216 par 47, en retranchant 64 du produit.

Solide des pignons, $\quad 10088 = 8 \times 13 \times 97$
Solide des roues, $\quad 276373 = 55 \times 67 \times 75$ $= 27^{j\cdot} 9^{h\cdot} 30' 49'' 58''' 36^{iv}$ T. S.

« La durée de cette révolution est de $27^{j} 9^{h\cdot} 30' 49'' 58''' 36^{iv}$ T. S. Trop courte de 3‴ 59^{iv}, qu'il faut corriger dans la suivante :

Solide des pignons, $\quad 29492 = 4 \times 73 \times 101$
Solide des roues, $\quad 807975 = 63 \times 75 \times 171$ $= 27^{j\cdot} 9^{h\cdot} 30' 50'' 2''' 50^{iv}$ T. S.

(57)

Démonstration.

« Le solide 807975 étant divisé par 29492, ce dernier y est compris 27 fois avec un reste 11691, qui étant multiplié par 24, le produit est 280584, qui étant divisé par le même solide 29492, le quotient est 9 : il reste encore 15156, qu'il faut multiplier par 60 pour avoir les minutes ; le produit est 909399, lequel divisé par le même solide, le quotient est 30′, et reste 24600, dont la multiplication par 60 (pour avoir les secondes) produit 1476000, et le quotient de la division par 29492 est 50″ : il reste 1400, qui étant multiplié par 60, le produit est 84000, dont la division donne pour quotient 2‴ ; et il reste 25016, dont la multiplication par 60 produit 1500960, et la division donne pour quotient 50‴ $\frac{26360}{29492}$: d'où il s'ensuit que le défaut n'est que d'environ 8‴. Cela étant, il faut 15 lunaisons pour l'erreur de 2‴, 450 pour le défaut d'une seconde, 27000 lunaisons pour une minute, et pour l'erreur d'une heure 1620000, qui étant divisé par 12, le quotient donne 135000 années lunaires[1] pour ce défaut d'une heure, qui répond à-peu-près à un demi degré de la circonférence du cercle.

« Dans les divisions précédentes du mouvement périodique de la lune on s'étoit fixé aux 2‴ seulement qui sont après les 50″ ; mais dans cette dernière on a voulu y faire entrer les quartes, pour faire voir l'exactitude à laquelle on peut atteindre par cette méthode. »

Il y a une distance infinie entre l'élégance et la concision des formules employées de nos jours et le langage prolixe de l'abbé T. Mais voilà, jeunes artistes, d'où je suis parti à l'âge de treize ans ; et, si vous ne me contestez pas quelque supériorité, vous conviendrez encore que la nature m'avoit doué *d'une force de tête rare, d'un esprit fécond en ressources*[2], et d'une patience à toute épreuve, puisque, né de parents sans fortune, je n'ai rien pu acquérir que par mes propres forces. Ce que j'ai fait, chacun de vous peut le faire ; il n'a qu'à le vouloir. Toutes les écoles vous sont ouvertes ; et moi, nourri entre trois rochers, dans un pays où les hommes sont tentés d'accuser le ciel de

---

[1] De douze mois périodiques, qui font 11262 années solaires de 365 jours, plus 245 jours : mais c'est en supposant une révolution périodique telle qu'elle a eu lieu dans le ciel. Nous avons vu (p. 55) que le maître se trompoit de 2″ 19‴ ; mais c'étoit faute de bonnes tables.

[2] Rapport du jury central, année 1819, page 242.

l'âpreté du climat, je n'eus d'autre guide que l'instinct de la nature, d'autre appui que mon courage. Ce qu'il m'étoit impossible de me procurer, toutes les ressources de la science sont sous votre main : faites-en l'application au véritable objet de l'horlogerie, l'exacte mesure du temps; et vous me repousserez bien loin derrière vous, et je m'en réjouirai comme si mon âge me laissoit espérer d'être le témoin de vos succès.

MÉTHODE POUR TROUVER LE NOMBRE DES DENTS DES ROUES, POUR UNE RÉVOLUTION DÉTERMINÉE.

Soient la révolution $= C - F$, C étant un nombre entier de jours,

$$\text{Et } \frac{C}{1} \text{ et } \frac{A}{B} = C - \frac{D}{B} \text{ deux rouages},$$

dont le second se trouvera en cherchant le nombre des révolutions où la fraction F produit un jour entier; on aura un nouveau rouage, en prenant pour p un nombre quelconque,

$$\frac{Ap + C}{Bp + 1}$$

et comme p est arbitraire, nous pouvons le choisir de manière que

$$\frac{Ap + C}{Bp + 1} = C - F.$$

Soit E l'erreur du rouage $\frac{A}{B}$, de sorte que $E = \frac{D}{B} - F$; on aura en développant la fraction $Bp + 1$, et négligeant les puissances supérieures de p,

$$p = \frac{D}{B^2 E} \text{ ou } = \frac{D}{B(D - BF)}$$

Lorsque p est négatif, le rouage cherché sera $\frac{Ap - C}{Bp - 1}$; et comme il ne s'agit ici que d'une approximation, on ne prendra pour p que le nombre entier que donne la formule précédente : on pourra même augmenter ou diminuer le nombre p de plusieurs unités, sans que pour cela le nouveau rouage cesse d'approcher plus près de la véritable révolution que ne faisoit le précédent.

Prenons pour exemple la révolution de *mercure*; cette révolution est de 88 jours — 0 jour, 0315659722. En prenant 31 révolutions et $1/3$ la fraction produira un jour entier. On aura donc les deux rouages suivants :

$$\frac{88}{1} \text{ et } \frac{88 \times 31\,1/3) - 1}{31\,1/3} = \frac{8269}{94} = 88 - \frac{3}{94}$$

(59)

L'erreur de ce dernier rouage n'est que de 0 jour, 0002500; il est donc déjà très rapproché; mais 8269 est un nombre premier. Pour avoir un nombre décomposable, ajoutons la première fraction à la seconde, nous aurons :

$$\frac{8269 + 88}{94 + 1} = \frac{8357}{95} = \frac{61 \times 137}{5 \times 19}$$

L'erreur de ce rouage n'est que de 0 jours, 00001275, l'on pourroit très bien s'y tenir parcequ'il n'exige que deux roues.

En partant de ce rouage on aura : $C = 88$; $B = 95$; $D = 3$; $E = 0$ jour, 00001275 : donc $\frac{D}{B^2 E}$ ou $p = \frac{3}{95^2 \cdot 0^j \cdot 00001275} = 25 \frac{8}{13}$.

En prenant $p = 25$ on aura le nouveau rouage

$$\frac{(8357 \times 25) + 88}{(95 \times 25) + 1} = \frac{209013}{2376} = \frac{21 \times 37 \times 269}{11 \times 12 \times 18}$$

L'erreur n'est que de 0 jour; 00000031; mais il est composé de trois roues.

Prenons pour second exemple *Vénus*, dont la révolution est $225^j - 0^j, 304542824074$; ce qui donne pour les deux premiers rouages $\frac{225}{1}$ et $\frac{2247}{10} = 225 - \frac{3}{10}$: donc $C = 225$; $B = 10$; $D = 3$; $E = 0^j, 0045428$,

et $p = -\frac{3}{0^j, 045428} = -6\frac{2}{3}$, ou -7.

Le nouveau rouage sera $\frac{2247 \times 7 - 225}{70 - 1} = \frac{15504}{69} = \frac{16 \times 17 \times 19}{23}$.

L'erreur de ce rouage n'est que de $0^j, 000195$, moindre que $17''$. En partant de ce rouage, on aura : $C = 225$; $B = 23$; $D = 7$; $E = 0^j, 000195$.

Donc $p = -\frac{7}{23^2 \times 0^j, 000195} = -\frac{7}{0^j, 103155} = -68$, et le rouage sera $\frac{5168 \times 68 - 225}{23 \times 68 - 1} = \frac{351199}{1563}$; donc l'erreur ne sera que de $0^j, 00000079$. Mais ces nombres ne sont pas assez décomposables : en augmentant ou diminuant le facteur 68, on obtiendra d'autres valeurs très approchées, et l'on choisira celle qui présentera le plus d'avantages. En supposant, par exemple, $p = 81$, on aura $\frac{229 \times 261}{14 \times 19}$, dont l'erreur n'est que de $2'',9$, et qui n'exige que deux roues.

Ces recherches exigent une table des facteurs des nombres; je me sers, depuis quinze ans, de celles de Ladislas Chernac, elles vont jusqu'à un million et vingt mille; elles m'ont servi à corriger celles de Véga dont je faisois usage auparavant. Les tables de Burckhardt contiennent le premier, deuxième et troisième million. C'est sa méthode que nous venons d'exposer.

(60)

CALCUL NUMÉRIQUE de la durée des oscillations d'un pendule de $3^\text{pi} 0599 = a$, décrivant un arc de 32°.

Nota. Cette longueur est celle du pendule qui bat les secondes quand les arcs décrits sont très petits.

1° Calcul des vitesses dans la verticale XB. Pl. XIII.

				Vitesse v pour chaque espace $= \dfrac{\text{espace}}{dt}$
Sin. verse de 16°.	8.5881486.	BX . . . . . 9.0738478.		
× a	0.4857072.	8² 8.1938200.		
X = ...	$\begin{cases} 9.0738478. \\ \overset{\text{pi}}{0,1185353}. \end{cases}$	= X,1 . . . 7.2676678 . . . 0,0018521 = X,1		9.2233223
dont √	9.5369239.	3.X,1 . . 7.7447890 . . 0,0055563 = X,2		9.7004435.
√2	0.1505150.	5.X,1 . . 7.9666377. . 0,0092606 = 2,3		9.9222922
√g	9.2599966.	7.X,1 . . 8.1127658. 0,0129648 = 3,4		0.0684203.
t = temps de la chute par XB.	$\begin{cases} 8.9474355. \\ 0'',0886004. \end{cases}$	9.X,1 . . 8.2219102. 0,0166690 = 4,5		0.1775647.
Divisons t par 8	9.0969100.	11.X,1 . . 8.3090605. 0,0203733 = 5,6		0.2647150.
Et prenons dt const. = $\frac{1}{8}$		13.X,1 . . 8.3816111. 0,0240775 = 6,7		0.3372656.
de t	8.0443455.	15.X,1 . . 8.4437594. 0,0277817 = 7,B		0.3994140.

Nota. Les logarithmes de la dernière colonne sont ceux du nombre de pieds que la vitesse v ferait parcourir en une seconde.

2° calcul de la longueur des arcs M,1 ; 1,2 ; 2,3 ; . . . 7,B.

	Première colonne divisée par a = sin. verse de		
B,7 . . 0,0277817.	7.9580516 . . 7° 43′ 36″	M,1 . . . 455″ = 0,006734.	Parceque une seconde de degré = $\dfrac{3,^\text{pi} 0599}{206265''}$ = $\overset{\text{pi}}{0,00048348}$
B,6 . . . 0,0518592.	8.2291186 . . . 10. 33. 48	1,2 . . . 1386. = 0,020514.	
B,5 . . 0,0722324½.	8 3730252 . . . 12. 28. 27	2,3 . . . 2388. = 0,035344.	
B,4 . . 0,0889015.	8.4632018 . . . 13. 50. 42	3,4 . . . 3530. = 0,052247.	
B,3 . . 0,1018663.	8.5223220 . . . 14. 49. 32	4,5 . . . 4935. = 0,073041.	
B,2 . . 0,1111269.	8.5601120 . . . 15. 29. 19	5,6 . . . 6878. = 0,101799.	
B,1 . . 0,1166832.	8.5813012 . . . 15. 52. 25	6,7 . . . 10213. = 0,151145.	
BX . . . 0,1185353.	8.5881406 . . . 16. 0. 0	7,B . . . 27816. = 0,412646.	

3° Calcul des dt pour les 8 parties de l'arc MB; t étant la durée de la demi oscillation.

M,1 divisé par v . . . 8.6049712 . . .	0″,0482690.
1,2 idem . . . . 8.6116018 . . .	0,0408885½.
2,3 . . . . 8.6260242 . .	0,0422692.
3,4 . . . . 8.6496365 . . .	0,0446310.
4,5 . . . . 8.6860046 . . .	0,0485294.
5,6 . . . . 8.7430293 . . .	0,055338-.
6,7 . . . . 8.8421273 . . .	0,0695228.
7,B . . . . 9.2161628 . . .	0,1644990.
Somme des $dt = t$	0,5059476 ½.
$2t$ = durée de l'oscillation entière	1,0118953 = T.

Nota. Cette valeur de T serait plus exacte si on avait partagé les quantités finies en un plus grand nombre de petites parties. On en verra un calcul plus exact dans la page suivante.

(61)

Suivant la vraie formule que donne le calcul intégral, on a :

$$T = \frac{\pi\sqrt{a}}{\sqrt{g}}\left[1 + \frac{1^2}{2^2}\cdot\frac{b}{2a} + \frac{1^2.3^2}{2^2.4^2}\cdot\frac{b^2}{4a^2} + \frac{1^2.3^2.5^2}{2^2.4^2.6^2}\cdot\frac{b^3}{8a^3} + \text{etc.}\right]$$

$\begin{cases} a\ldots\ 0.4857072. \\ b\ldots\ 9.0738478. \\ g\ldots\ 1.4800069. \\ \frac{b}{2a}\ldots\ 8.2871106. \end{cases}$ $\quad\begin{aligned} \pi &\quad 0.4971499. \\ \sqrt{a} &\quad 0.2428536. \\ \sqrt{g} &\quad \overline{9.2599965.} \\ &\quad 0.0000000 = 1. \end{aligned}$

$\frac{b}{2a}\ldots\ 8.2871106.$

$4\ldots\ \overline{9.3976400.}$
  $7.6350506.\quad\quad 0,00484229.$
$9\ldots\ 0.9542425.$
$\frac{b^2}{4a^2}\ldots\ 6.5743311.$
$64\ldots\ \overline{8.1938200.}$
  $5.7222837.\quad\quad 0,00005276.$
$225\ldots\ 2.3521825.$
$\frac{b^3}{8a^3}\ldots\ 4.8613318.$
$48^2\ldots\ \overline{6.6375176.}$
  $3.8519319.\quad\quad 0,0000071.$
$105^2\ldots\ 4.0423786.$
$\frac{b^4}{16a^4}\ldots\ 3.1484424.$
$384^2\ldots\ \overline{4.8313376.}\quad\quad\ \ 0$
  $2.0221586.\quad\quad 0,0000001.$
  $\overline{0,00489577.}$

$+\ \dfrac{\pi\sqrt{a}}{\sqrt{g}}\ \ldots\ldots\ldots\ldots\ 1,00000000.$

$T = \ldots\ldots\ldots\ldots\ \overline{1''00489577.}$

D'après cette formule, le pendule a décrivant un demi arc de 10°, on a $T = 1'',0019$
de 16 . . . . 1 ,0049
de 22 . . . . 1 ,0093.

FIN.

ERRATA.

Pag. 23, lig. 21, au lieu de 12, 13 et 14, *lisez :* 14, 15 et 16.
Pag. 41, lig. 15, après $m = 31$; *ajoutez :* $n = 72$.

TABLE

DES MATIÈRES CONTENUES DANS CE RECUEIL.

Avertissement. . . . . Page 1

PREMIÈRE PARTIE.

Art. I. Description d'une pendule astronomique, etc. 5
II. Mouvement de la sphère dont cette machine est surmontée. 12
III. Équation du temps par les causes qui la produisent. 18
IV. Tableau des roues et pignons de la sphère. 22
V. Tableaux de rouages pour les révolutions de la lune et du soleil. 23
    Révolution périodique de la lune. 24
    Révolution synodique de la lune. 25
    Révolution annuelle du soleil. 26

SECONDE PARTIE.

I. Machine qui représente le mouvement vrai du soleil sans employer une ellipse. 29
II. Explication de la figure 4, planche IX. 36
III. Exposition du calcul des roues de cette figure. 37

TROISIÈME PARTIE.

I. Description d'une horloge à secondes et à poids qui fut admise à l'exposition de 1823. 40
II. Description d'une nouvelle cadrature pour le mouvement de la lune. . . . 45
III. Cadrature d'une pendule placée dans la chapelle de l'hôtel-de-ville de Besançon. 47
IV. Du calcul des rouages. — Instruction de l'abbé T. 49
    Première leçon. 50
    Deuxième leçon. 55
    Méthode pour trouver le nombre des dents et des roues, etc. 58
    Calcul de la durée des oscillations d'un pendule. 60

FIN DE LA TABLE.

SPHÈRE MOUVANTE PRÉSENTÉE A L'INSTITUT NATIONAL LE 31 JANVIER 1800. Pl. I.

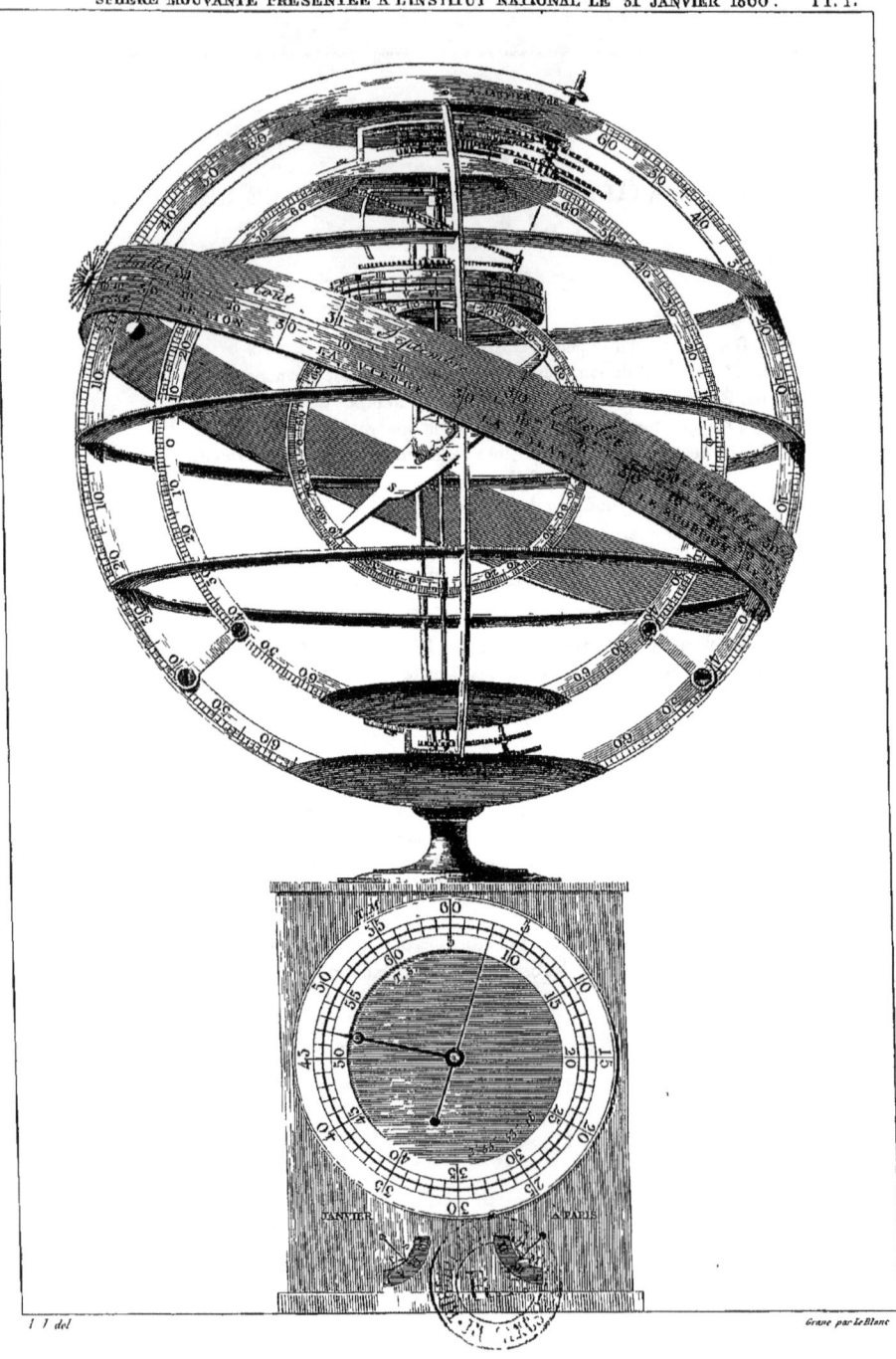

Calibre de l'Horloge Astronomique. Pl. II.

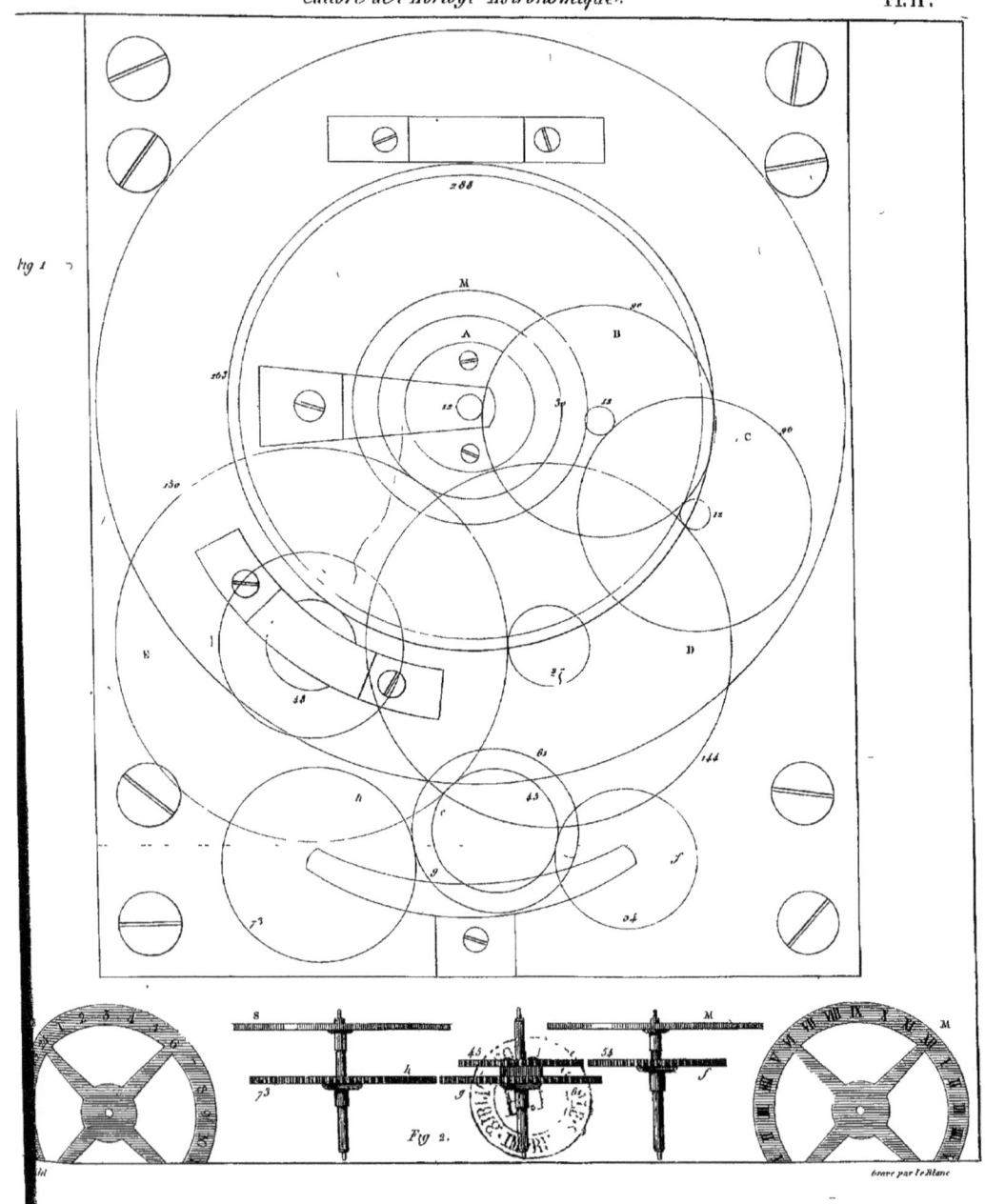

Fig 1.

Fig 2.

Profil de l'Horloge Astronomique. Pl. III

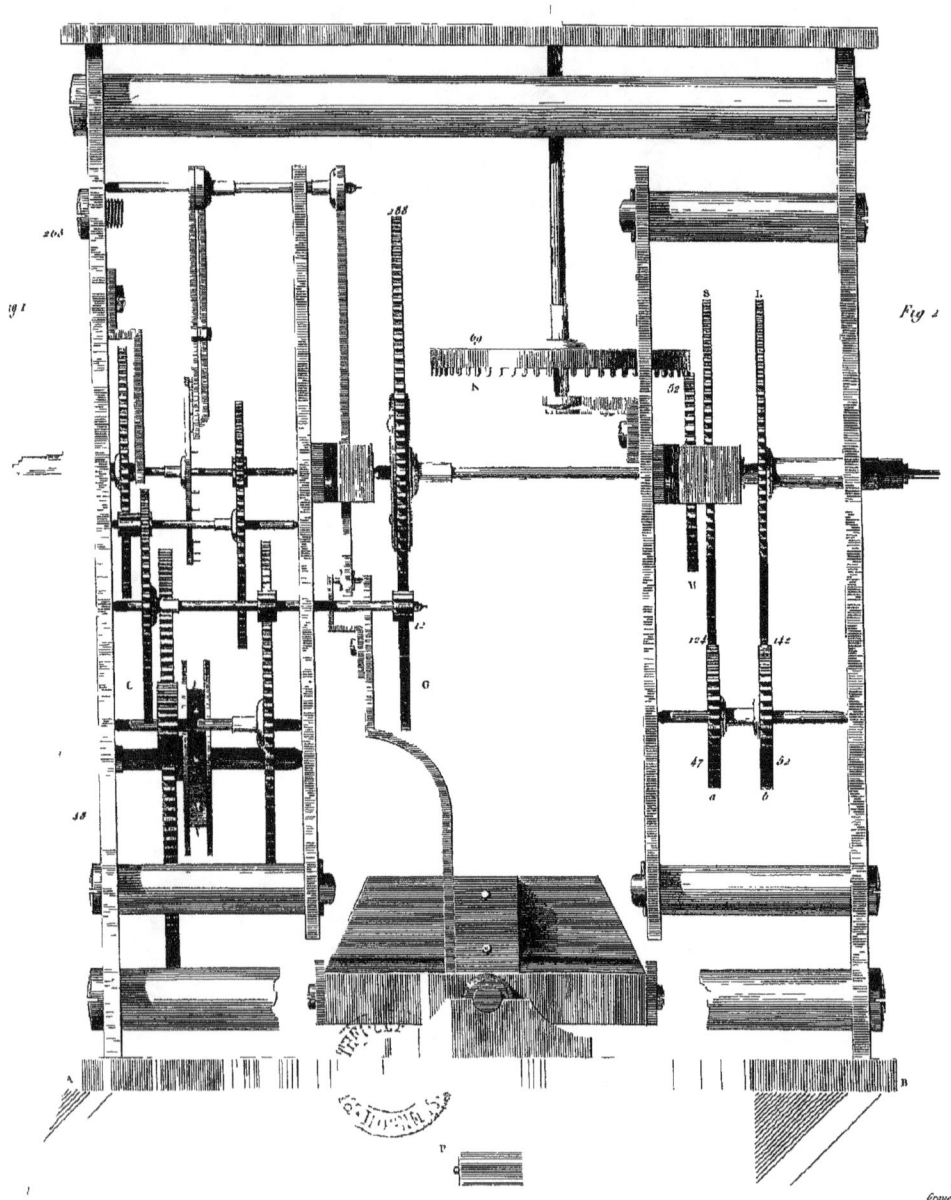

Fig 1

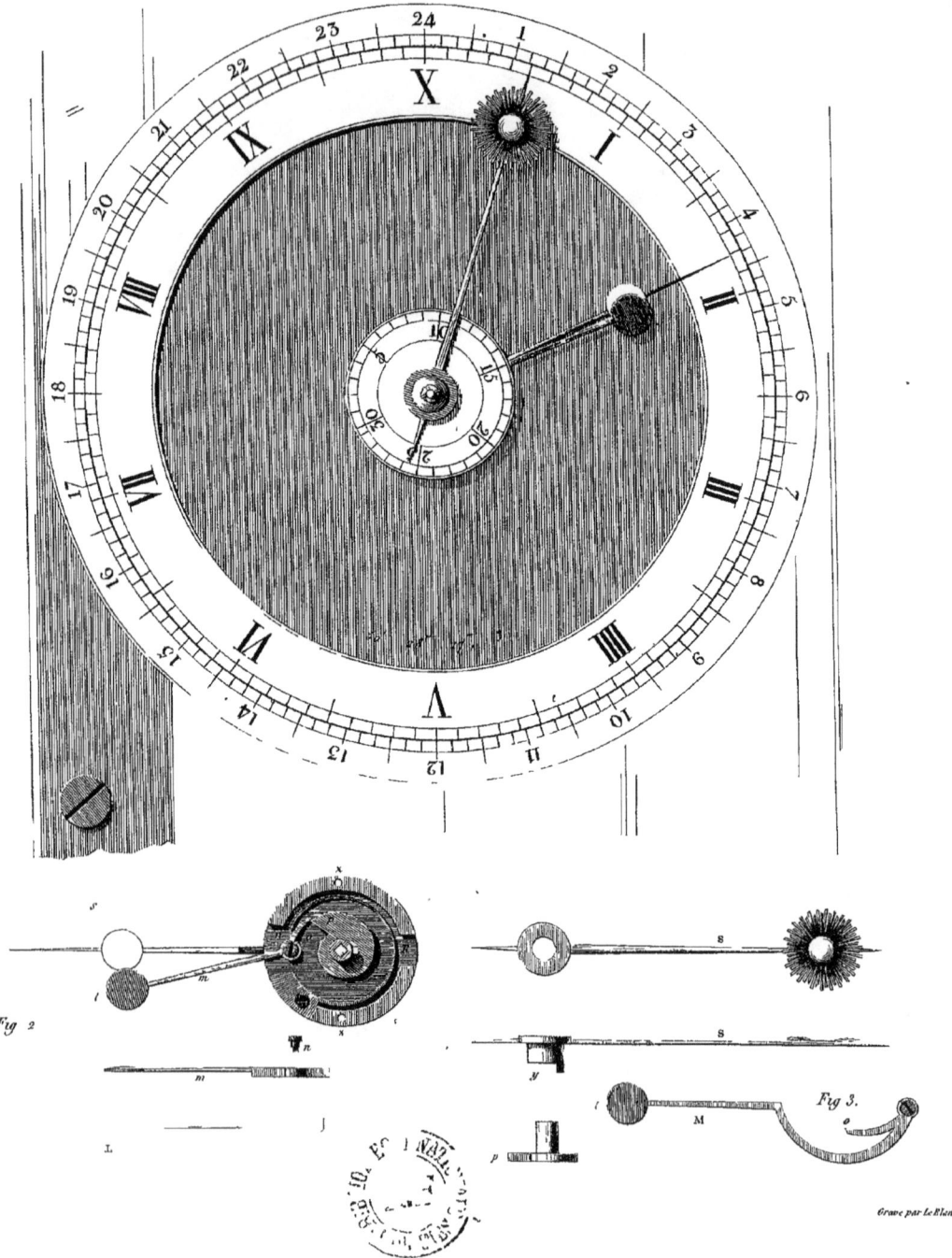

Deuxième face de l'Horloge.

Pl IV

Fig 2

Fig 3.

Gravé par Le Blant

Assemblage des tringles du Pendule &c. Pl. V

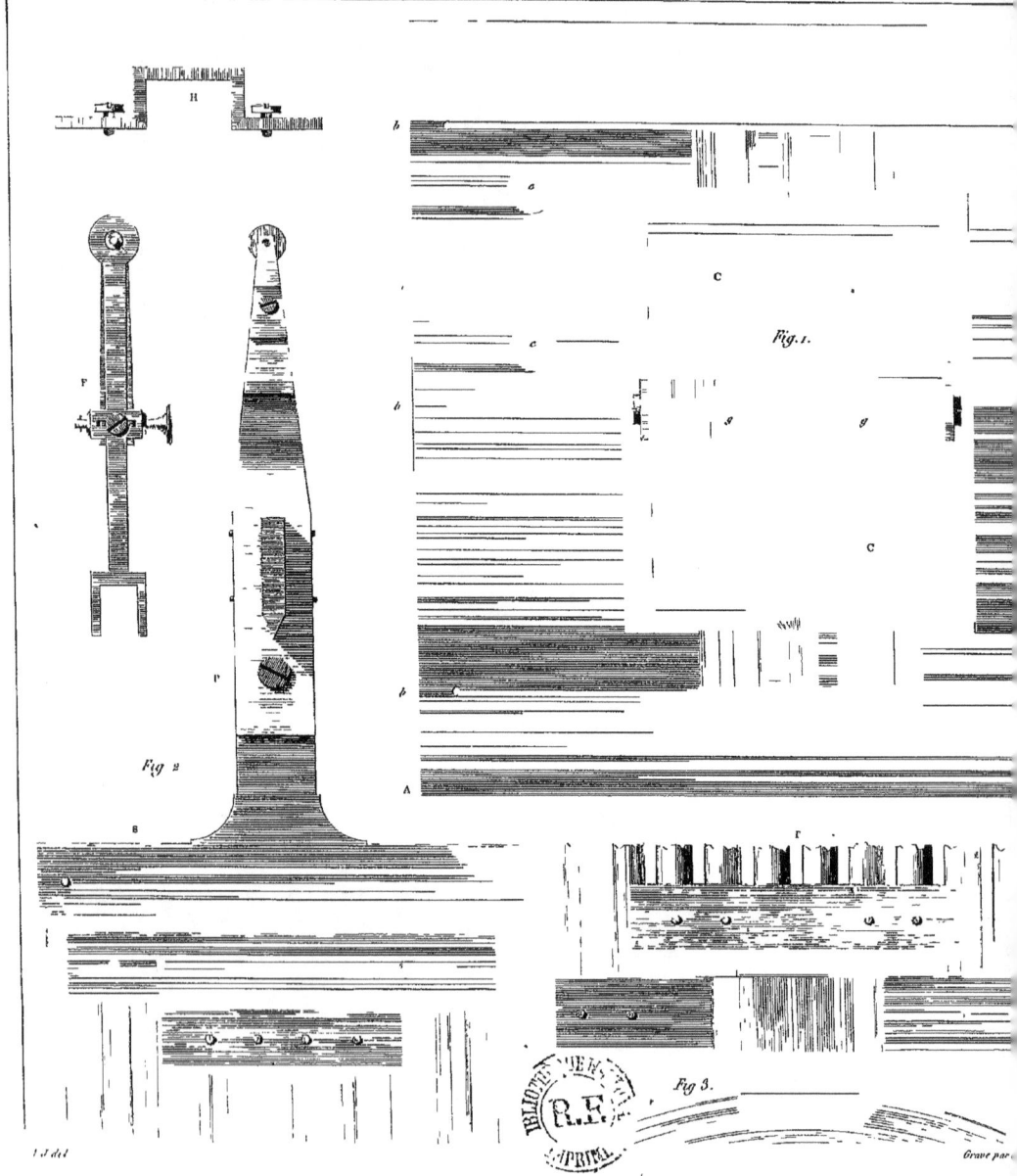

Fig. 1. Fig. 2. Fig. 3.

Fragment de la Sphère, Pl. 1. dans sa vraie dimension

Pl. VI.

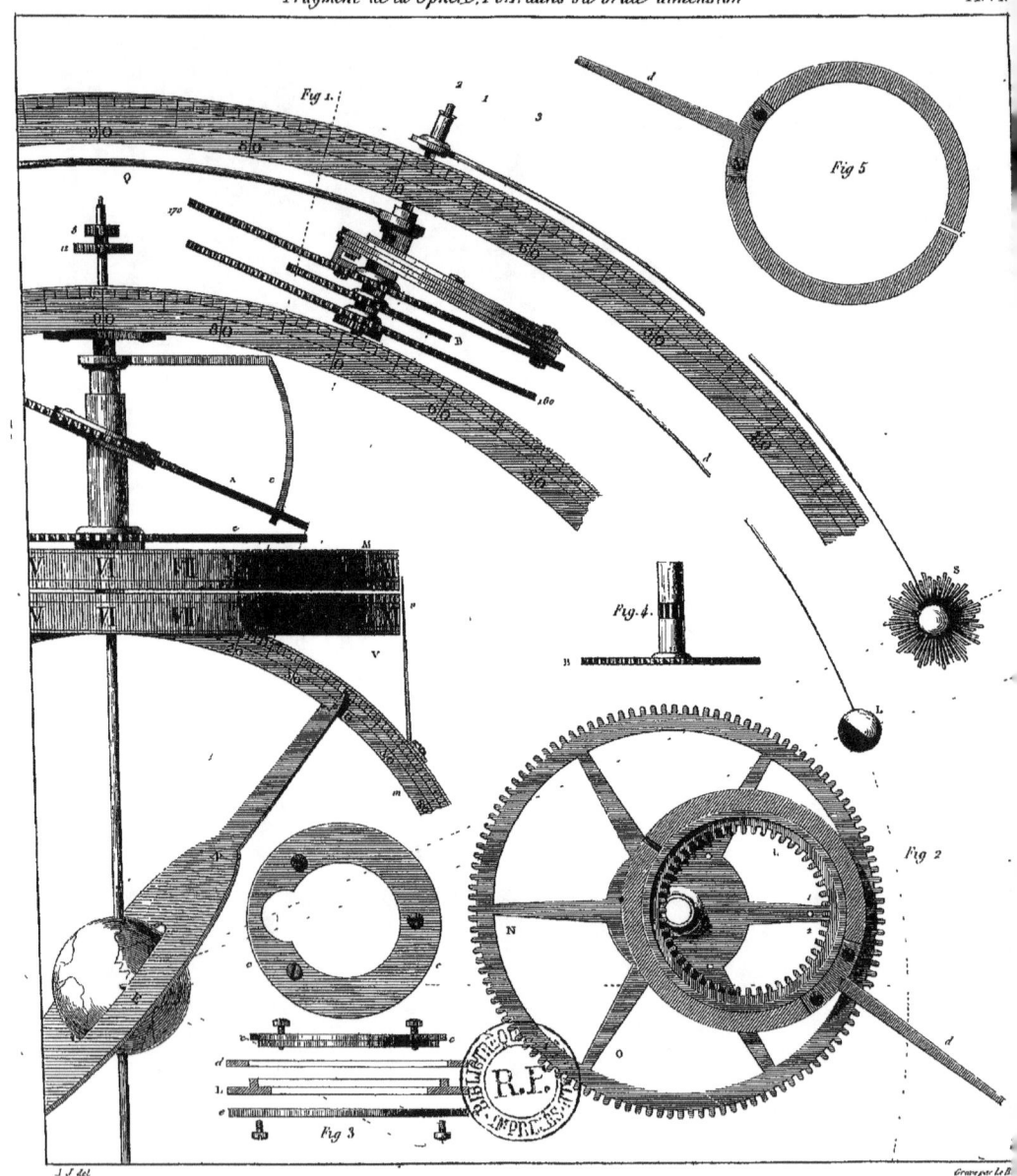

Cadrature d'une pendule du Cardinal de Granvelle &c.

Pl. VII.

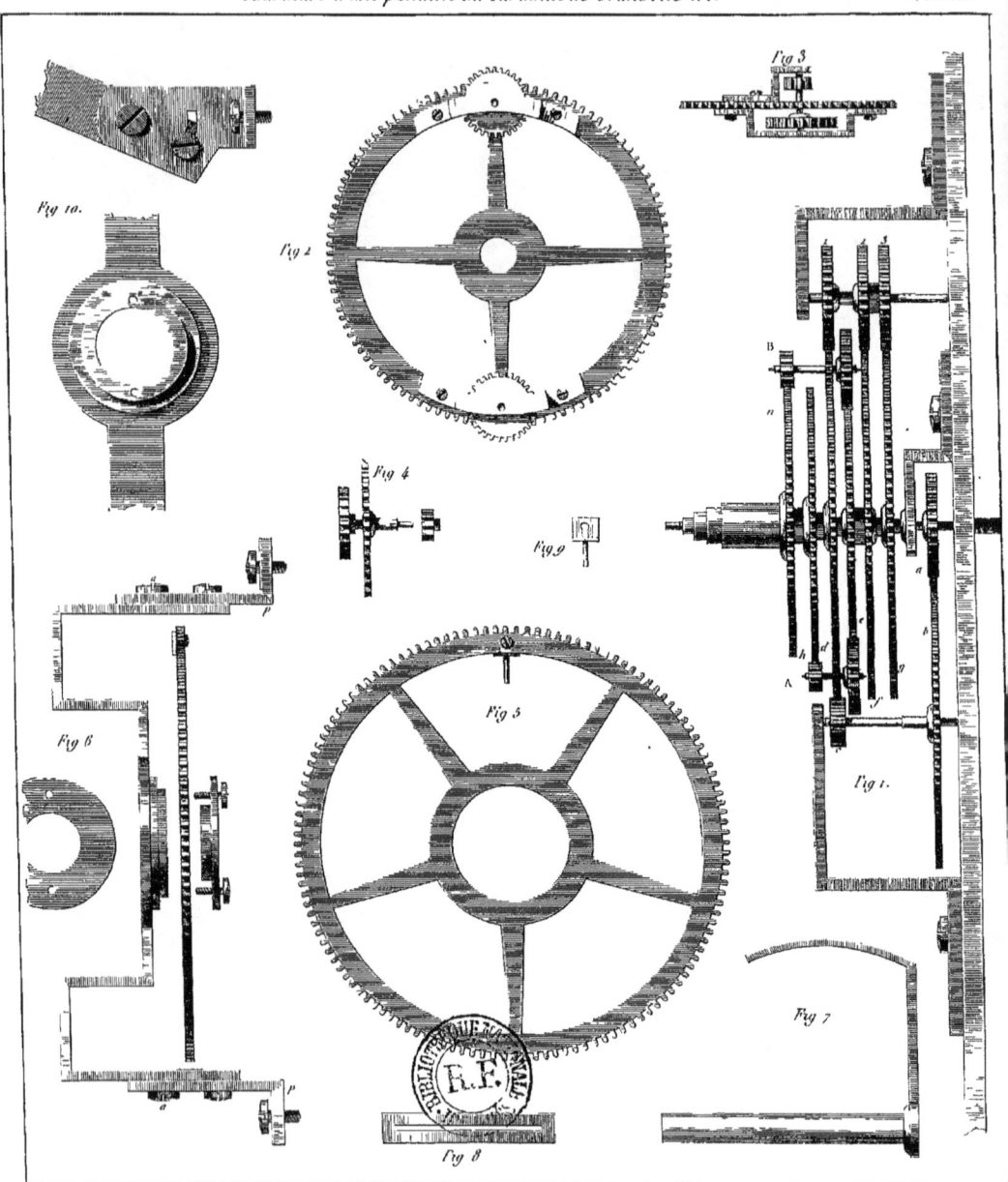

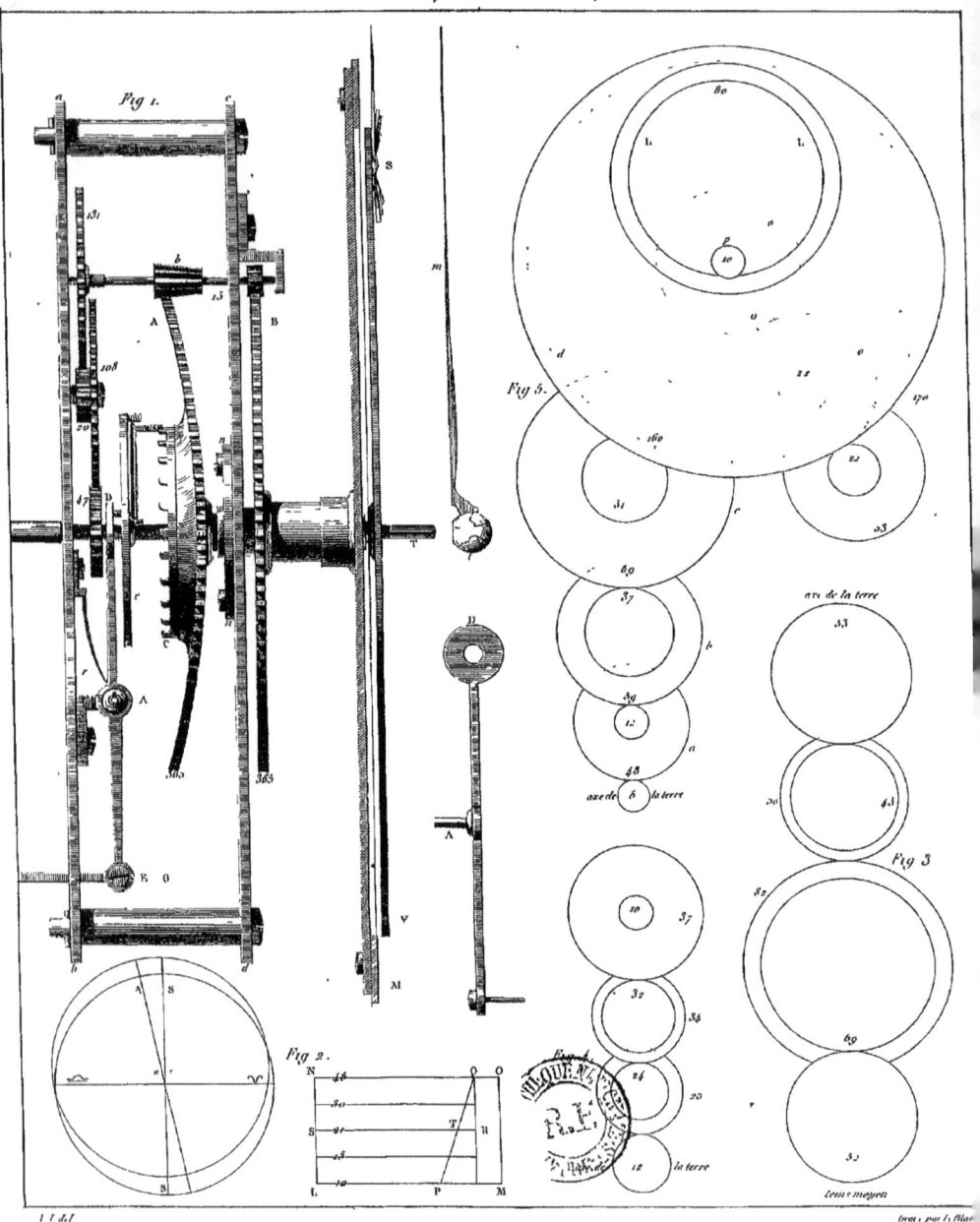

Machine à équation sans ellipse. Pl. VIII.

Calibre et profil de cadrature.

Pl. IX.

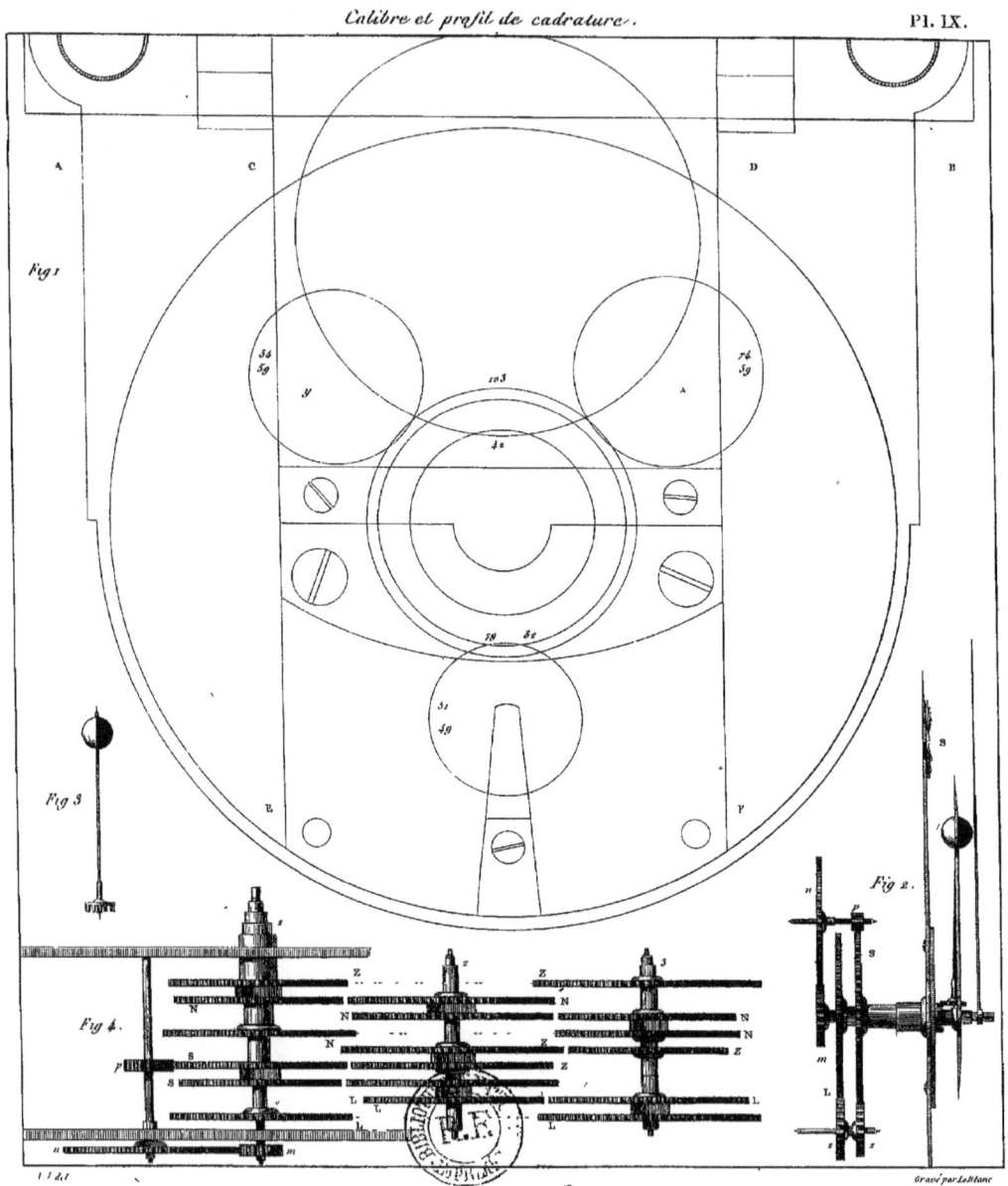

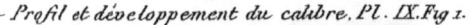

– *Profil et développement du calibre. Pl. IX. Fig 1.*

A J del

Gravé par Le Blanc

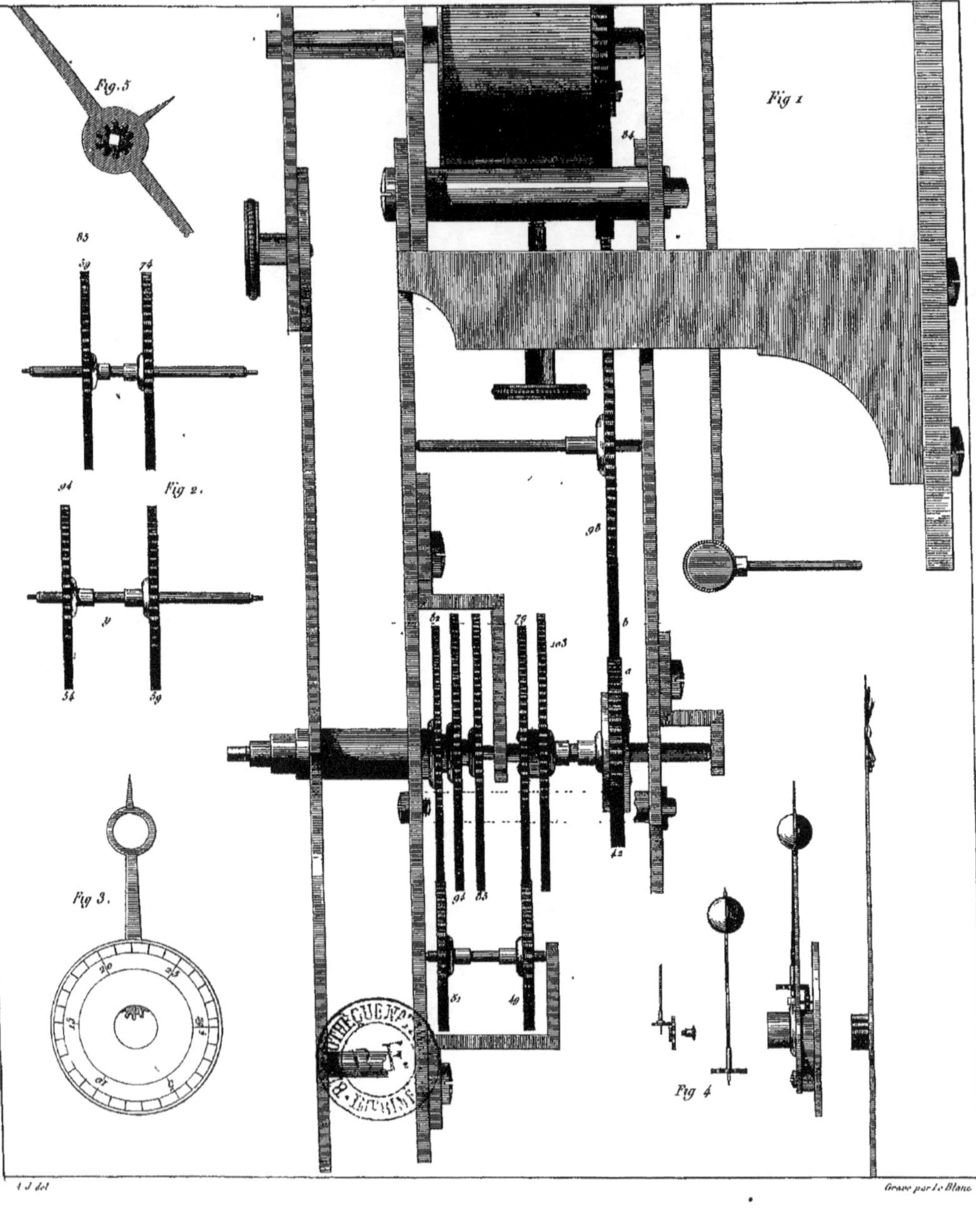

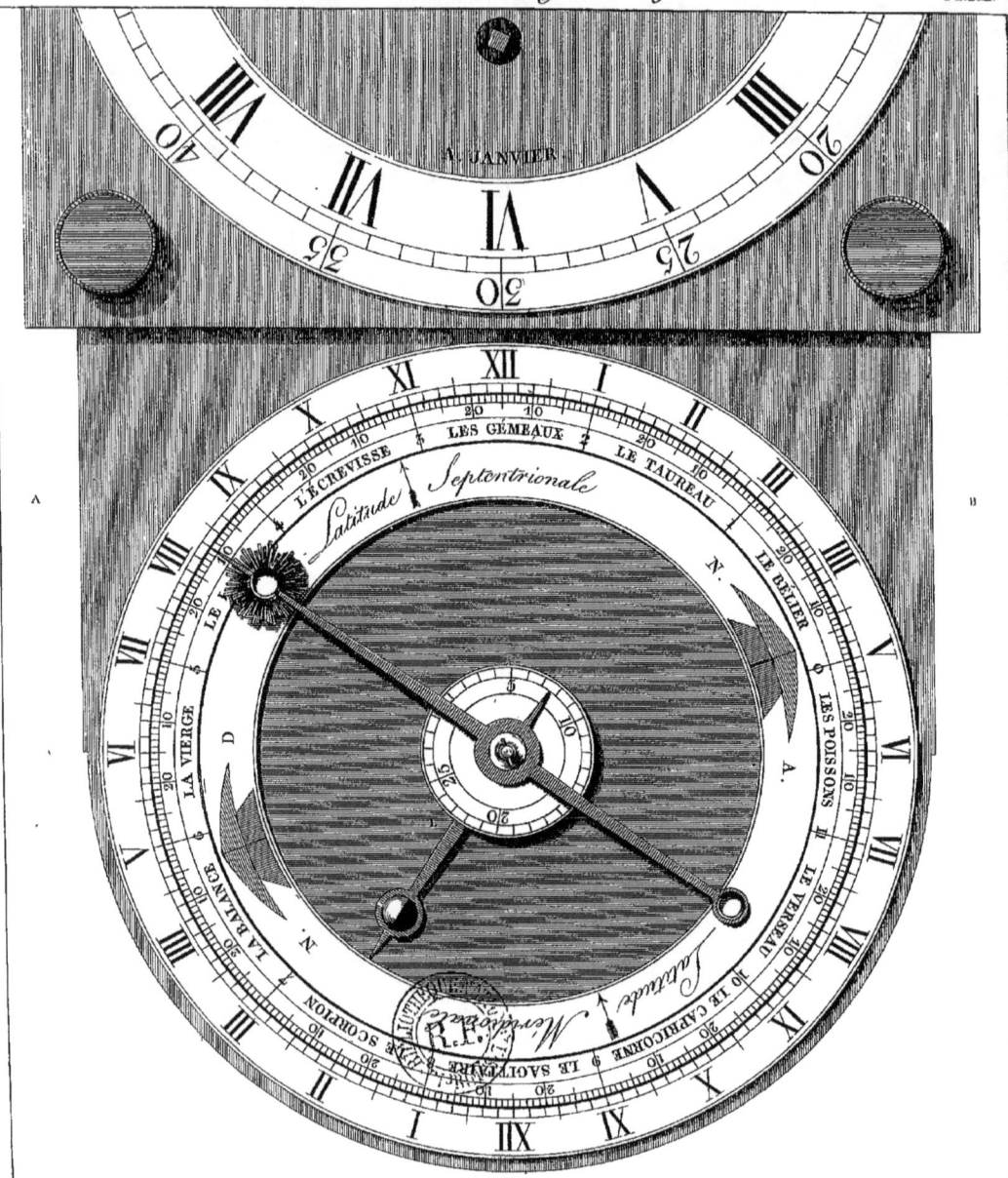

Cadrans et indications des effets du rouage Pl.X.

Plan d'une nouvelle cadrature à phases de Lune

Pl. XII.

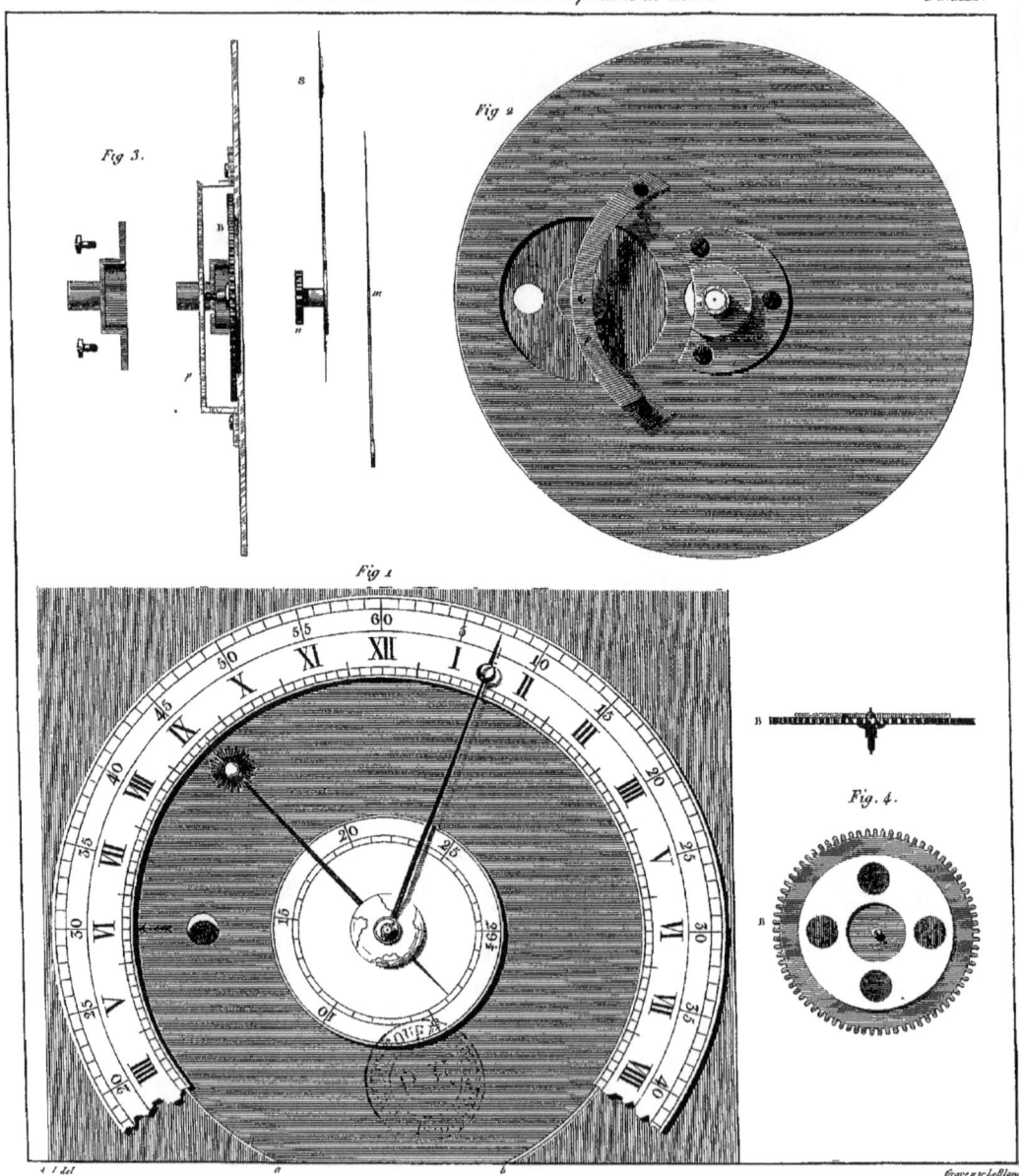

Calcul de la durée des oscillations d'un pendule Pag. 60 — Pl. XIII.

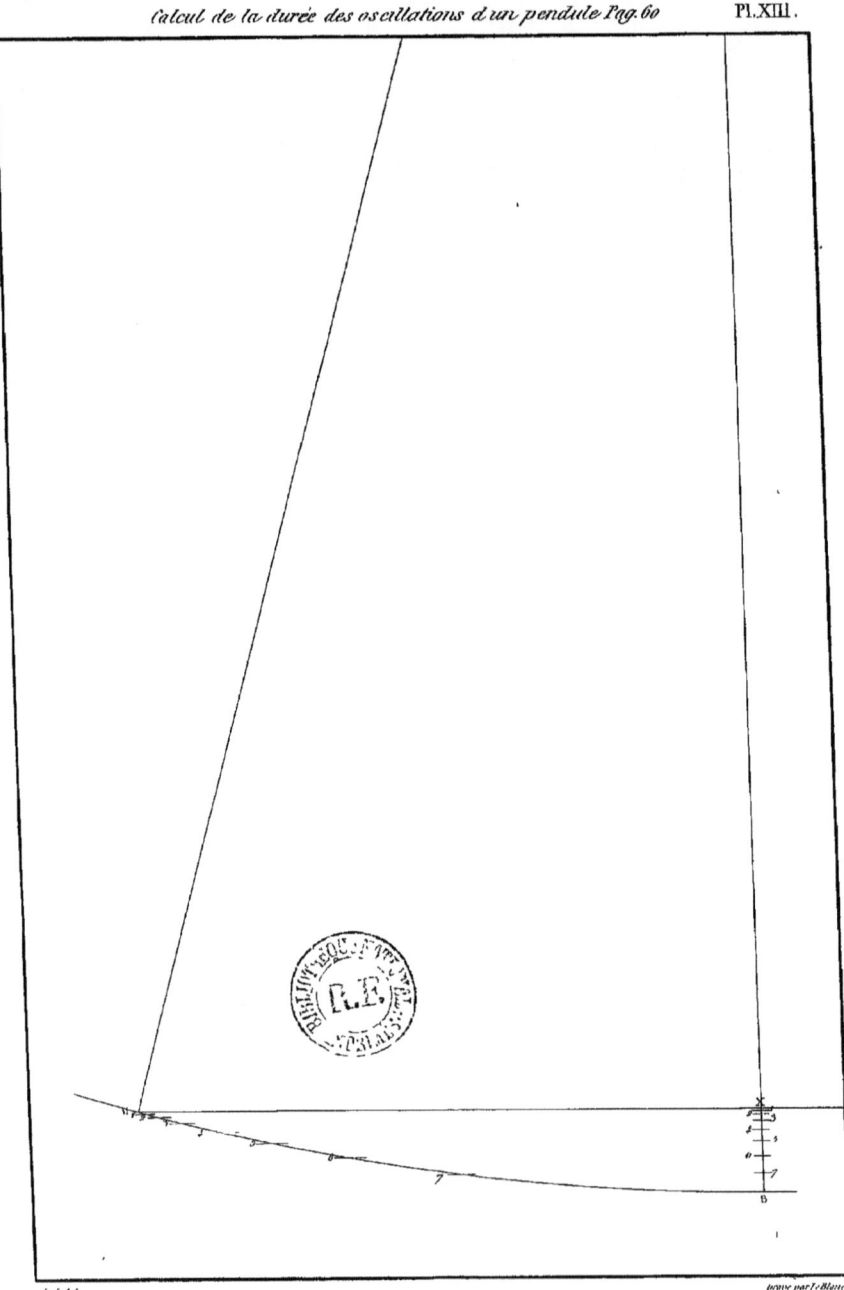

www.ingramcontent.com/pod-product-compliance
Lightning Source LLC
LaVergne TN
LVHW050647090426
835512LV00007B/1079